原子核的位移之基础理论

侯青松 著

中国建材工业出版社

图书在版编目（CIP）数据

原子核的位移之基础理论/侯青松著. --北京：中国建材工业出版社，2022.3（2023.8 重印）

ISBN 978-7-5160-3476-7

Ⅰ.①原… Ⅱ.①侯… Ⅲ.①原子核－理论研究 Ⅳ.①O571

中国版本图书馆 CIP 数据核字（2022）第 018305 号

内容简介

宇宙是一个粒子的世界，粒子性是宇宙的基本属性，这是理解本书内容的先决条件，也是我们重新审视并理解这个世界的基础。

依据宇宙的粒子性，本书重新建立了“类引力效应”理论，并在此基础上修正了原子模型理论，然后根据新的原子模型理论以及宇宙的粒子性，重新解释了光的粒子性本质、温度的粒子性本质、能量的粒子性本质、磁的粒子性本质，以及从粒子性出发来理解物质各种属性的本质。

本套书分上、中、下三部，本书是上部，此外，还有中部《原子核的位移》和下部《大统一论》。

原子核的位移之基础理论

Yuanzihe de Weiyi zhi Jichu Lilun

侯青松　著

出版发行：中国建材工业出版社

地　　址：北京市海淀区三里河路 11 号

邮　　编：100831

经　　销：全国各地新华书店

印　　刷：北京雁林吉兆印刷有限公司

开　　本：710mm×1000mm　1/16

印　　张：10

字　　数：170 千字

版　　次：2022 年 3 月第 1 版

印　　次：2023 年 8 月第 2 次

定　　价：68.00 元

本社网址：www.jccbs.com，微信公众号：zgjcgycbs

序　言

在一次偶然的谈话中，得知朋友的孩子得了一种非常可怕的疾病——“肌无力”，并且属于“重度”。每次和那位朋友聊天时，看着她内心痛苦却还要表现得云淡风轻的样子，我有一种莫名的同情，因为我理解她的痛苦，却不知道该如何安慰她。出于朋友的友谊以及对她孩子的同情，闲暇的时候我会搜索相关的治疗经验，希望能在别人的经验中找到治疗该病的方案。然而在尝试了无数次以后，我失望了，因为每次我信心满满地告诉朋友，我又搜索到了一种可能的治疗方案的时候，朋友却会告诉我方案不可行。为什么我找到的方案对朋友的孩子都不可行？到底是哪里出了问题？静下心后，我决定换个角度去思考这个问题。于是，我不再寻找治疗的方案，而是开始寻求肌肉收缩的原理，希望从根儿上找到“肌无力”的发病原理。然而无论如何努力，最终都只能找到从肌细胞以及肌动蛋白和肌球蛋白的角度对肌肉收缩的解释，而更进一步的解释，比如组成肌动蛋白和肌球蛋白的分子是如何动作的，在现在的知识库中都没有找到；至于从更深层次的角度，比如组成分子的原子是如何实现位移的理论，就更无从说起了。

为什么没有从分子甚至原子的角度来解释肌肉收缩原理的理论呢？在思考与研究了一段时间之后，我才发现，现在的原子模型理论根本不支持原子核的位移。首先，在任何知识库中都没有找到关于原子核可以位移方面的理论或想法，这是不合常理的。按理来说，如果原子模型理论支持原子核的位移，那么理论早就满天飞了，因为，与生命有关的所有理论都需要以原子核的位移理论为根基，如生命是如何产生的，生命体的运动是如何实现的等，都需要原子核的位移理论来支持。然而我们都知道，现在这方面的理论，甚至一个想法或观点的数量都是零。其次，原子模型理论中关于电子的定义以及电子轨道的定义都存在太多的疑点，我不知道在没有任何实验依据的情况下，物理学家们是如何知道电子大小都一样，并且轨道是固定的。

既然不能参考别人的答案，那就只能自己寻找答案了。我首先想到的就是修正原子模型理论，对这个问题思考了很久都无结果，主要卡在了电子和原子核之间的受力关系上。我想象不出没有找到介质以及介质作用方式的电场力是如何实现 A 吸引 B 的，也就是说，既然原子核和电子之间没有物理连接，那么，原子核是依靠什么力量以及用什么方式来“拉住”电子围绕自己旋转的。没办法，只能再次从零开始思考“万有引力”的本质。然而，不思考不知道，一思考才发现“万有引力”和“电场力”存在一样的问题，那就是没有找到“万有引力”的介质，也没有找到介质的作用方式。也许这才是问题的根源所在，要想知道原子核是如何吸引电子的，就必须找到“万有引力”的合理解释。

一直到几年之后，在进行了无数的正推和反推的基础上，我才最终找到了“基本物质粒子”这个关键因素。用“基本物质粒子”重建的“类引力效应”理论可以完美解释所有的“引力”问题。首先，“太阳系内的引力瞬时效应”“傅科摆引力异常”“拉格朗日点”“地球自转”等一系列未解之谜都得到了完美解释；其次，宏观和微观上的“引力”问题也得到了统一，太阳系内的“引力”理论同样可以用来解释“电子”和“原子核”之间的受力关系。至此，我们终于修正和完善了“原子模型理论”。于是，一切看似不可能的问题都有解了：肌肉是如何收缩的，生命是如何产生的，DNA 是如何工作的，中医针灸的作用原理是什么，以及“上火”“发炎”“电流”“电荷”“静电”等一切问题，都有了完美的解释。

接下来，在“基本物质粒子”理论基础上，我们预测了光子就是粒子，没有任何的波动性。之后，我们进行了大量的“衍射”实验。在这些实验中，有一部分可以用“波动性”理论来解释，但很牵强；所有实验都可以用“粒子性”来完美解释。

明确了光的“粒子性”，剩下的问题就迎刃而解了。颜色的本质、“光电效应”、光的折射以及折射角度、“泊松亮斑”“牛顿环”“光合作用”、光与电的互相转换等一切问题都可以用光的粒子性来完美解释。

到了这里，我们终于找齐了“原子核位移”理论的所有关键因素，但这并不意味着我们成功了，因为，新的理论虽然解决了肌肉收缩的基础理论问题，但距离实践和应用还有很长的路要走。因此，在这里，我也只能在心里默默地对朋友说：我尽力了。

欢迎与我讨论相关问题，邮箱：6570126@ qq. com。敬请关注我的个人微信公众号——“皓天之城”。

侯青松
2021 年 12 月

目　录

1 万有引力理论以及原子模型理论问题解析

1.1 类引力效应问题

1.1.1 牛顿引力说创立的时间及其影响

17 世纪，聪明且勤于思考的牛顿在总结前人经验的基础上提出了“引力说”。牛顿利用“万有引力定律”不仅说明了行星运动规律，而且还指出木星、土星的卫星围绕行星也有同样的运动规律。他认为月球除了受到地球的引力外，还受到太阳的引力，从而解释了月球运动中早已发现的二均差等。另外，他还解释了彗星的运动轨道，根据“万有引力定律”成功地预言并发现了海王星。“引力说”建立了新的“天体力学”体系，进一步充实了“经典力学”。简单地说，质量越大的物体产生的引力越大，这个力与两个物体的质量的乘积成正比，与两个物体间的距离的平方成反比。

“引力说”取得了成功，虽然与同一时代的笛卡儿的意见相左，也遭到了巴黎天文台台长卡西尼的反对。但对急于在科学领域引领世界的当时的大英帝国来说，这绝对是在全世界人面前树立一面旗帜的机会，因此“引力说”在当时得到了皇家科学院的支持和权威人士的认可，并将其不遗余力地推向世界。虽然这个理论只描述了表象，并未指出“万有引力”的本质，但客观地说，在当时的物理学环境下，牛顿创立“引力说”绝对是一件了不起的事情。至少，在当时使许多表象的东西得到了解释。

1.1.2 牛顿的引力理论存在的问题

我们现在的很多书籍中都在使用万有引力这个概念，以及万有引力定律公式。然而，我们也知道，巴黎天文台台长卡西尼在“引力说”刚一提出来的时候就反对，而后来的人们在实践中发现这个公式只在特定的条件下才近似成立，并且观察到的不少天文现象是万有引力定律不能解释的，例如：大行星的运动与引力理论公式的计算存在偏差；不能解释一些星系运动现象以及月球的长期加速；不能解释日食发生时的重力变化现象。1851 年，法国人傅科进行了著名的傅科摆实验。后来的人们在做这个实验的时候，偶然发现摆的摆动偏转角度差一点就到了 100°，人们根据记录查明引起这种异常偏转的有 24 小时和 24 小时 50 分两个因子。这说明它和太阳与月亮的运动有关。在 1954 年 6 月 30 日的日全食时，人们发现了更为奇怪的现象：当月亮遮住太阳的一刹那，摆突然剧烈地移动了约 13. 5°。按照“引力说”，太阳对摆应该有作用，而这一现象看起来好像太阳对摆的作用失效了。日食过去以后，摆又剧烈地回到了原来的位置。这个实验说明，万有引力定律不是普适性的，至少在某个特定条件下的傅科摆实验中不适用。

另外一个万有引力定律公式不成立的场景就是在日食的时候：太阳、月球、地球三者的球心在一条直线上，根据万有引力公式计算三者之间的引力大小，其结果是地球对月球的引力应当大于太阳对月球的引力，并且应当大很多，否则月球不能维持以接近正圆的轨迹围绕地球运动。然而计算结果却让我们大跌眼镜，此时太阳对月球的引力不但没有小于地球对月球的引力，反而比地球对月球的引力大了 1 倍左右，也就是说此时太阳对月球的引力相当于地球对月球引力的 2 倍左右。受力分析结果如下图：

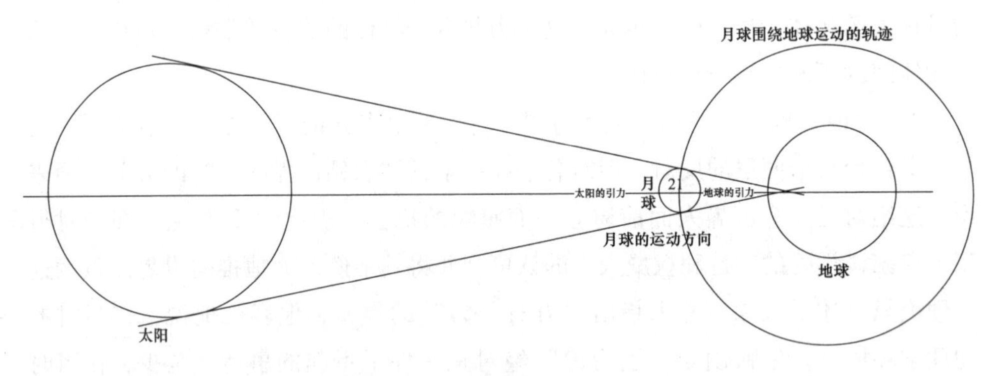

图 1-1

当我们把各项数据带入万有引力公式进行计算后，可以得出大致结果，那就是太阳此时对月球的引力大概是地球对月球引力的大于 2 倍多一些（使用太阳与月球的最远点），或者小于但将近 2 倍（使用太阳与月球的最近点），不管是大于 2 倍多，还是小于 2 倍多，太阳与地球对月球的引力互相抵消以后，月球的受力方向都是指向太阳的，因此月球的运动趋势都应当是太阳的方向，而实际上我们都知道结果，那就是月球依旧以接近正圆的轨迹继续围绕地球运动。

当然，我们并不能因为“引力说”不具有普适性，而否认“引力说”所带给世界的贡献。但如果学说存在问题，我们就有责任去找到问题并修正它。

1.1.3 广义相对论与类引力效应

爱因斯坦一方面想否定万有引力，另一方面又不得不承认万有引力的存在。为了解释万有引力，爱因斯坦提出了广义相对论。他曾经试图把万有引力定律纳入相对论的框架，几经失败后，他终于认识到，狭义相对论容纳不了万有引力定律。于是，他将狭义相对性原理推广到广义相对性，又利用在局部惯性系中万有引力与惯性力等效的原理，建立了用弯曲时空的黎曼几何描述引力的广义相对论。广义相对论的定义：一个有质量的物体，会使它周围的时空发生弯曲，在这个弯曲的时空里，一切物体都将自然地沿着测地线（也叫作“短程线”）运动，而表现为向一侧靠拢。

在这里我们不想讨论相对论，这不是本书的目的。在此我们只是简单地分析一下相对论的基本数学间架以及狭义相对论的核心——洛伦兹变换。

先来分析爱因斯坦关于洛伦兹变换的“数学证明”[1]。

如图 1-2 所示两坐标系的相对取向，该两坐标系的 x 轴永远是重合的。在这种情况下，首先只考虑 x 轴上发生的事件。任何一个这样的事件，对于坐标系 K 是由横坐标 x 和时间 t 来表示的，对于坐标系 K'，则由横坐标 x' 和时间 t' 来表示。当给定 x 和 t 时，我们要求出 x' 和 t'。

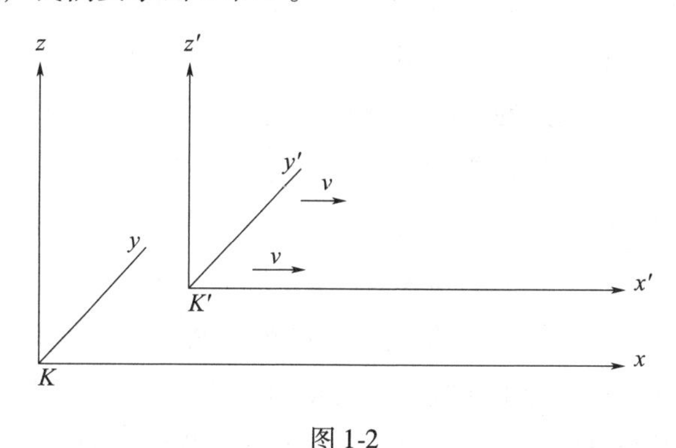

图 1-2

沿着正 x 轴前进的一个光信号按照方程

$$x = ct \tag{1}$$

或

$$x - ct = 0$$

传播。由于同一光信号必须以速度 c 相对于 K' 传播，因此相对于坐标系 K' 的传播

将由类似的公式

$$x' - ct' = 0$$

或

$$x' = ct' \tag{2}$$

表示。满足式（1）的那些时空点（事件）必须满足式（2），显然这一点是成立的，主要关系

$$x' - ct' = \lambda\ (x - ct) \tag{3}$$

一般能被满足，其中 λ 表示一个常数，因为按照式（3），（$x - ct$）等于零时，（$x' - ct'$）也就必然等于零。

如果对沿着负 x 轴传播的光线应用完全相同的考虑，就得到条件

$$x' + ct' = \mu\ (x + ct) \tag{4}$$

式（3）和式（4）相加（或相减），并为方便起见引入常数 a 和 b 代换常数 λ 和 μ，令

$$a = \frac{\lambda + \mu}{2},\ b = \frac{\lambda - \mu}{2}$$

得到方程

$$x' = ax - bct,\ ct' = act - bx \tag{5}$$

…

后面的内容我们省略了，为什么我们要省略后面的内容呢？因为我们发现式（5)的推导过程存在问题。根据对式（4）成立的前提条件（如果对沿着负 x 轴传播的光线应用完全相同的考虑）分析以及前面的定义，我们知道式（4）成立的前提条件是沿着负 x 轴传播的光线（或事件）所对应的横坐标 x 的取值范围，当 x 小于零的时候才能成立。同样的式（3）中的 x 取值范围是当 x 大于零的时候，方程式才能成立。也就是说式（3）和式（4）中的 x 取值范围完全不同，因此式（3）和式（4）是不能进行加减的，然而爱因斯坦把两个变量取值范围完全不同的方程式进行了加减，并且得出了式（5）以及后面的推论。不知道这个错误对爱因斯坦思考狭义相对论会产生什么样的影响？

接下来我们继续分析洛伦兹变换中关于垂直坐标变换的“数学证明”。

在垂直坐标变换的“数学证明”推导过程中有两个基本方程式，整个推导过程都是依据这两个基本方程式展开的。

$$x = ct$$

$$x' = ct'$$

这两个方程式隐藏了两个条件：条件一，光是从坐标系原点发出的；条件二，光程是从光信号的发出点也就是原点开始计算的。

第一个方程式是静止系的光程方程式，ct 表示的是光从起点（静止坐标系原点）开始到终点结束。也就是该方程式成立的前提条件要求静止系原点在任意时刻都必须是光信号的起点。

第二个方程式是运动系的光程方程式，ct'表示的是光从起点（运动坐标系原点）开始到终点结束。也就是该方程式成立的前提条件要求运动系原点在任意时刻都必须是光信号的起点。

该“数学证明”的起始要求是，两个横坐标轴完全重合的坐标系，在两个坐标系原点重合的瞬间，发生并沿着横坐标正 x 轴方向前进的光信号。式（1）表明，在时刻 t 光程的起点在静止系原点处；式（2）表明，在时刻 t'光程的起点在运动系原点处。

很明显在光信号发生后的任意时刻，两个坐标系的原点就不再重合。运动系的原点在静止系的横坐标不再是0，而是成为 vt；静止系的原点在运动系的横坐标也不再是0，而是成为 $-v't'$。而如果式（1）和式（2）要想同时成立，则要求在静止系同时出现两个光信号起点，其横坐标分别是0 和 vt；同样在运动系也会要求同时出现两个光信号起点，其横坐标是0 和 $-v't'$。显然这是违背物理规律和常识的。所以，在光信号产生后的任意时刻，式（1）和式（2）不能同时成立。

因此洛伦兹变换根本不能成立（至少垂直坐标变换推导过程不成立，注意：爱因斯坦的洛伦兹变换简易推导过程也是推导的垂直坐标变换），所以作为狭义相对论的核心基础理论，洛伦兹变换的推导过程出现了错误，那么狭义相对论是否成立就要打一个问号了。如果狭义相对论的正确性受到了质疑，那么由狭义相对论扩展推导出来的广义相对论的正确性同样会受到质疑。

一个正确性受到质疑的理论是不能用来作为事实理论使用的。

1.2　原子模型理论的问题

1.2.1　原子模型理论的产生

人类认识原子的历史是漫长的，也是无止境的。原子结构模型是科学家根据自己的认知对原子结构的描绘，一种模型代表了人类对原子结构认知的一个阶段。原子模型主要经历了道尔顿原子模型、汤姆逊原子模型、卢瑟福含核原子模型以及波尔原子模型等几个重要阶段。

19世纪末20世纪初，有许多新的实验事实表明，原子并非简单的、不可分割的粒子，而是一个具有复杂结构的系统。

1.2.2 原子模型理论存在的问题

原子模型理论已经发展了很多个版本，包括试图说明原子之间结合的化学键理论也随着原子模型的发展而不断地得到充实和丰满。然而，不管现代原子模型理论多么完美，有一个问题我们都必须面对，那就是原子核的位移问题。

我们知道“肌无力”是一个世界性的医学难题，无数的人因为此病而丧失了活动的能力。人们之所以不能彻底解决肌无力给广大患者所带来的痛苦，最根本的原因就是人类到目前为止还没有可以解释肌肉收缩的理论，无论人类如何努力和尝试，最终只能止步于肌动蛋白和肌球蛋白的错位滑行，至于更深层次的组成肌动蛋白和肌球蛋白的分子或原子是如何实现收缩的，则无人可以给出答案。这样的结果并不是因为人们满足这个结果，其深层次的原因是人们没有可以用来解释分子或原子收缩的理论，或者更确切地说是因为现在的原子模型理论不支持。

说到此，也许你会很疑惑，因为原子模型理论已经发展了200多年，按道理来说应当已经很完美了，事实上别人也是这么认为的。因此人们在现有的原子模型理论之上衍生出各种奇奇怪怪的理论，并且还在不断地完善那些奇奇怪怪的理论。然而这个看上去完美的理论，却不能解释原子核如何实现位移。正是因为现代原子模型理论不能解释原子核如何位移，人们在治疗各种疾病的过程中才走了许多弯路，有的疾病通过不断的尝试，最终找到了解决的办法，而有的疾病则始终找不到可以彻底解决的方案，肌无力就是这些无解的疾病之一，也许在人们不断地尝试后最终会找到解决的办法，但那也许是很多年以后的事情。

因此，原子核的位移问题就是现代原子模型理论存在的重大缺陷，只要这个问题不能解决，现代原子模型理论就不是完善的。

参考文献

[1] 爱因斯坦. 狭义与广义相对论浅说［M］. 杨润殷，译. 北京：北京大学出版社，2006，91-95.

2 类引力效应分析

2.1 类引力效应的本质

2.1.1 “引力说”的意义

牛顿的万有引力定律很好地解释了地面上物体所受的重力、海洋的潮汐和行星与天体的运动。“引力说”对人类理解和解释宇宙中的各种运动现象都具有重大意义，然而万有引力在解释各种运动现象的同时，也给人们打开了一个潘多拉盒子，对人类来说这仅仅只是一个开端，由此而引申出的更多的问题和谜团，等待人类去探索和解决。万有引力本身也只是一个表象，它所隐藏的秘密一直激励着后来无数的物理学家去思考和探索。

2.1.2 “类引力效应”原理

在理解“类引力效应”的本质前，我们先看一个例子：假如此时你的前后都有大风，且任意单位时刻内对你的身体造成的风压都相当于一个吹风机，那么此时此刻的你会保持什么状态呢？很显然，如果我们不考虑风压对你的身体造成的破坏，那么你会保持静止，而且无论你想往前移动，还是往后移动，你都感觉到风的阻力对你的移动造成的影响。如果此时你的一个朋友突然跑了过来，并且正好挡在你面前，那么位于你前面的吹风机吹出的风本来是直接吹到你的身体上的，但此时却恰好被你朋友的身体挡住了，那么此时你前面虽然感受不到风的压力了，你却感受到了你朋友的身体对你造成的压力，或者你的身体也在后面风的压力下，试图压向你朋友的身体。此时你和你朋友如果都想沿着风吹的方向反向移动，那么你们一定会感受到风的阻力，如果换种思维方式，那么这种阻力也可以被看成你朋友的身体对你的吸引；如果不是吹风机向你和你的朋友吹风，而是换成一个抽风机，不断地抽走你和你朋友之间的空气，那么你和你的朋友也会感受到来自空气的压力，使你们两个向一起靠拢。其实，这种情况在现实中是客观存在的，例如：我们站在山洞口的时候，有的时候会突然感觉到好像洞口有某种力量在吸引我们进去，其实，我们都知道这是洞内空气的流动形成的空气负压造成的。此时此刻，这种由于空气的流动所产生的空气负压效果，我们可以先暂时称之为“类引力效应”。

现在假设上面所说的吹风机所吹出的风用一种和宇宙与生俱来的粒子所代替，并且假设这种粒子在任意时刻从任意方向撞击到你身体的概率都相同，不考虑这种粒子对你身体撞击所造成的伤害，那么当宇宙中只有你一个人的时候，你会保持静止，如图 2-1 所示。

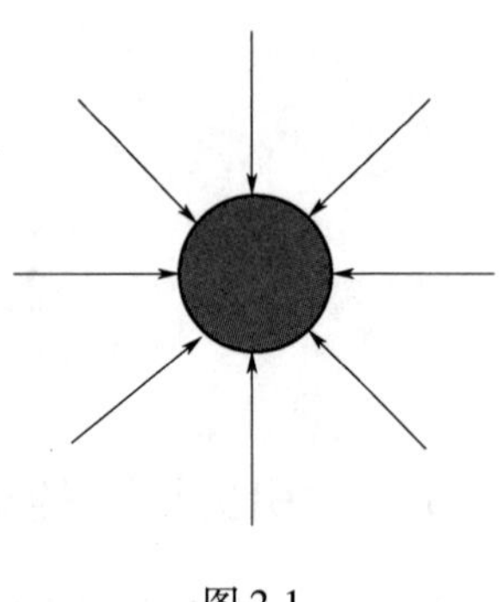

图 2-1

假设此时你（O_1）的朋友（O_2）来到你的世界时，当距离合适时，你和你的朋友会处于如图 2-2 所示的状态。

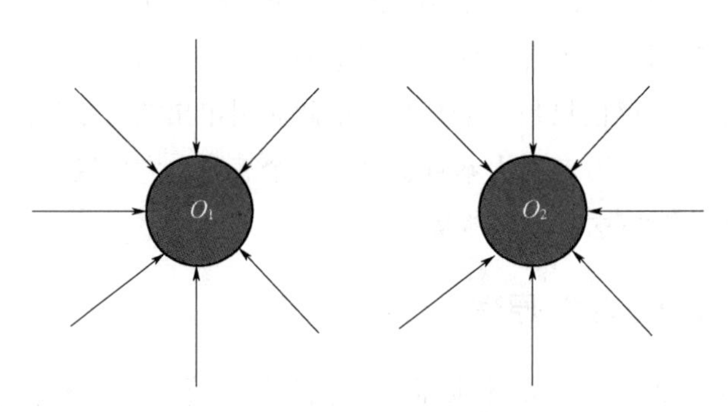

图 2-2

由图 2-2 可以看出，此时你和你的朋友之间互相阻挡了一部分本来撞击到对方的粒子，如果被阻挡的粒子对你和你朋友身体的撞击压力不可忽略，那么此时你和你的朋友在这些撞击压力之下会向一起靠拢，这种向一起靠拢的趋势就是“类引力效应”。

现在假设这种粒子对电子的作用同样有效，也就是说，对任意速度的电子来说，其在任意时刻，在任意方向上受到该粒子撞击的概率都相似（因为电子不是绝对静止的，因此在电子的运动方向上受到粒子的撞击概率大于背对电子运动方向上撞击到电子的概率），那么此时电子的状态应当近似地满足牛顿第一定律。如果此时的电子运动到一个原子核的附近，当距离合适的时候，原子核和电子互相阻挡基本物质粒子撞击所产生的压力差大小满足电子围绕原子核运动所需的向心力，那么电子就可以在这些粒子的撞击压力下围绕原子核运动。

现在我们把这种由基本物质粒子的撞击数量不同（由撞击所产生的推力差，这个模型暂时称之为“推力模型”）所导致的两个物体向一起靠拢的效果称为“类引力效应”。

接下来，我们用该“推力模型”分析一些具体的物理现象，然后在本章的最后一小节我们再具体分析基本物质粒子可能具有的属性。

2.2 太阳系与太阳系内引力瞬时效应

2.2.1 太阳系内基本物质粒子的分布情况

综合前面的分析可知，在太阳系内必然存在一个这样的基本物质粒子区域：以太阳为中心，从太阳表面任意一点出发，沿着太阳半径的延长线伸展，远离太阳的过程中，基本物质粒子的密度会逐渐升高；反之，沿着太阳半径的延长线收缩，靠近太阳的过程中，基本物质粒子的密度会逐渐降低。只有当距离太阳足够远，来自太阳对基本物质粒子的阻挡可以忽略不计的时候，才是太阳系的边缘。

由此可以得出结论：太阳系是一个巨大的以太阳为中心的球体区域，在这个球体区域内，沿着任意太阳系半径远离太阳的过程中，基本物质粒子的密度呈阶梯状上升，并最终与宇宙基本物质粒子平均密度持平。

2.2.2 太阳系内星体与太阳的关系

任意物体在飞行的过程中，一旦进入了太阳系作用半径内，无论此时距离太阳多远，它靠近太阳的一侧的基本物质粒子密度都会低于远离太阳的一侧的基本物质粒子密度，也就是说此时它两侧受到的基本物质粒子的撞击概率产生了变化，在基本物质粒子的撞击压力差下它的运动轨迹会立即发生改变，这种效果看上去就好像该物体瞬间就受到了太阳的“吸引”一样，因此我们认为在太阳系内太阳对任何星体的“引力”都是瞬时的。

任意动量大小的物体进入太阳系后，只要其运动方向没有对准太阳的质心，其运动轨迹就一定会发生改变，产生向太阳靠近的趋势。此时天体与太阳的关系如图 2-3 所示。

迄今为止，人类探测到的太阳系内的最远物质体是位于柯伊伯带内的天体，也就是说，因为太阳对基本物质粒子的阻挡而形成的基本物质粒子密度变化球形空间的半径至少要到达柯伊伯带的最远点。当然这也肯定不是太阳系的最边缘，因为，最边缘的基本物质粒子密度差应当不足以束缚柯伊伯带内的天体围绕太阳运动。

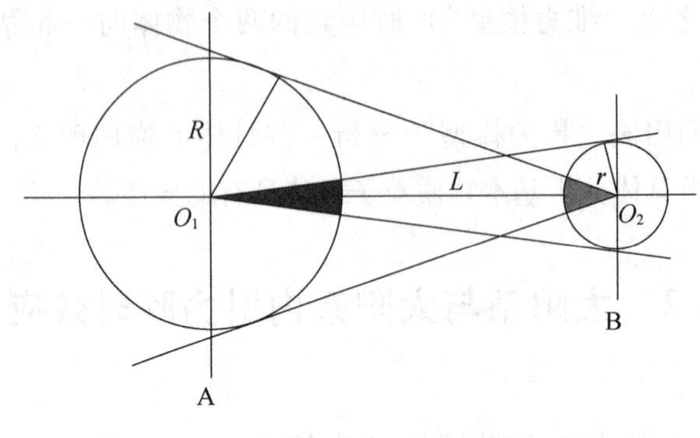

图 2-3

2.2.3 太阳系的形成因素

太阳系半径的长度已经远远超过人类的想象力，根据分析以及推断，影响太阳系形成的原因主要有三个：

（1）基本物质粒子的速度必须足够快。前面我们已经分析，如果质能方程式正确，那么我们可以得到宇宙速度上限 $v=\sqrt{3}c$，也就是说基本物质粒子的速度大约为 519600km/s（在对基本物质粒子进行分析时，我们已经做过判断，动能定理和质能公式可能并不适用于基本物质粒子，因此，这个速度可能远远低于真正的宇宙速度上限）。

（2）基本物质粒子的相撞概率必须足够低。基本物质粒子的撞击概率取决于基本物质粒子的数量与所占空间比。数量与体积的乘积与空间占比越小，则撞击概率越低；反之则撞击概率越高。

（3）基本物质粒子的数量必须足够多。基本物质粒子的数量满足相撞概率足够低，并且密度足够大。

基本物质粒子的速度与撞击概率是影响宇宙内基本物质粒子密度均匀的重要因素，基本物质粒子速度过慢或相撞概率过大都会导致单位体积内基本物质粒子的堆积，直接后果是宇宙中不同区域内基本物质粒子密度的不均匀。然而以人类目前对宇宙微波背景辐射的探测结果来看，不同区域内的宇宙微波背景辐射密度变化非常小。由于宇宙微波背景辐射粒子是基本物质粒子在永恒的宇宙时间内不断撞击并聚合到一起的，因此其密度可以间接地反映出基本物质粒子的密度变化。

虽然我们不能根据太阳系的半径推测出基本物质粒子的速度以及相撞概率，但是我们可以获得一些提示，让我们对基本物质粒子的速度和相撞概率有一个基本印象。基本物质粒子的相撞概率反过来则可以印证基本物质粒子的空间占比，相撞概率越低，则基本物质粒子的空间占比越小。

2.2.4 太阳系内星体的运动对基本物质粒子的速度提示

按正常思维来说，任何星体在充满基本物质粒子的宇宙空间内运动，其速度都应当越来越慢才对，然而地球已经围绕太阳运转很久了，按照人类的记载来看，千百年来地球的公转速度并没有发生明显的变化，这一现象说明地球的运动方向上获得的基本物质粒子的撞击概率与地球背对运动方向上获得的基本物质粒子的撞击概率相差很小，或者说基本持平，那么什么情况下才会有这种情况发生呢？答案是只有地球的公转速度相对于基本物质粒子的速度来说近似于静止的时候，我们才会认为地球任意时刻任意方向上获得基本物质粒子的撞击概率接近于相同，也就是说我们从地球的公转速度变化情况可以间接地推断出基本物质粒子的速度大概在一个什么水平。

2.3 地球自转的成因

2.3.1 行星的自转

行星自转：行星本体环绕其质心轴所做周期性的旋转运动。太阳系内的八大行星都存在自转的现象。

2.3.2 地球自转的成因

现代人类在研究中发现，大多数行星都存在自转的行为，那么行星为什么会自转呢？

为了回答这个问题，我们先举一个例子：假设一列按照匀速直线运动的火车头部固定了一个球体，球体的上下都是依靠中心轴固定的，并且中心轴是垂直于地面的。如果不考虑空气本身的运动，也就是说我们假设空气是绝对静止的；同时除了火车的运动，我们也不考虑其他可以影响空气运动变化的因素。那么火车头部的球体在火车飞驰的过程中，虽然受到了空气压力的影响，但它应当保持静止，如图 2-4 所示。

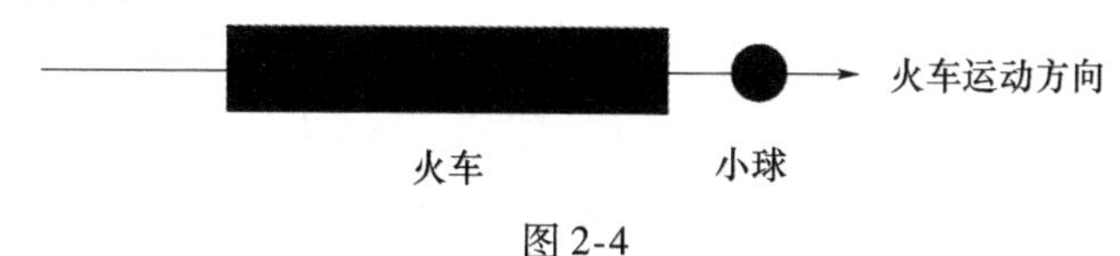

图 2-4

现在，我们在球体的前面加一块铁板（不考虑固定方式），铁板也垂直于地面，并且位于球体中心的分割线上。如果铁板摆放的位置与火车运动的方向平行，那么我们现在依然可以认为球体在被铁板分割的上下两个球缺面上受到的风压相同，也就是说在火车运动过程中球体依然会保持静止。如果我们调整一下铁板的角度，使铁板前端不在球体中心分割线上，而是略微向上移动一些，如图 2-5 所示，如果火车的运动方向没有改变，那么此时球体会在风压差下开始逆时针转动。

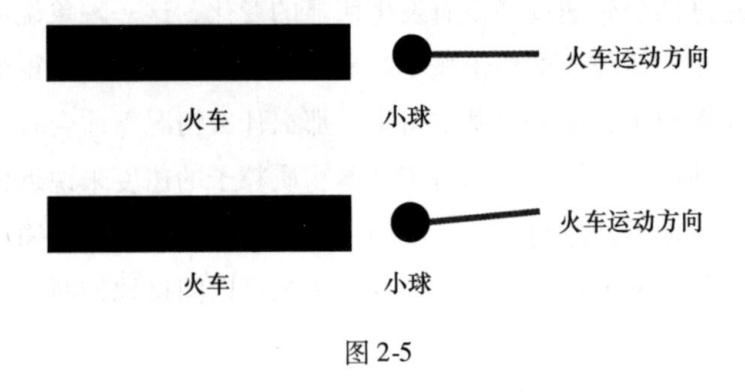

图 2-5

在太阳系中，随着地球的运动，由于所在区域的基本物质密度不断变化，它的整个表面受到的基本物质的撞击压力也在不断发生变化。假设存在一个穿过地球中心的平面，平面同时满足垂直于地球与太阳的中心连线和地球在任意轨迹点上的切线组成的平面，并且与地球的运动方向平行，如图 2-6 所示（左侧中心球体是太阳，右侧小球体是地球，并且地球此时在向着远离太阳的方向运动，穿过地球中心的直线代表分割的平面 S_1）。此时地球的受力情况如图 2-7 所示。

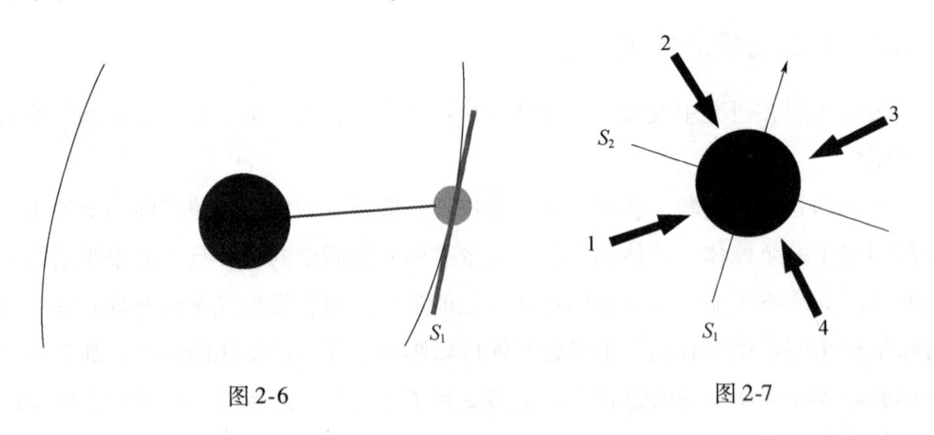

图 2-6　　图 2-7

我们把球面分成 4 部分，由穿过地球中心的平面 S_1 和垂直于平面 S_1 的平面 S_2 分割球体（平面 S_1 上的箭头方向指向地球的运行方向，S_1 和 S_2 的相交线垂直于太阳和地球的中心连线，同时也垂直于由地球中心发出的指向地球运动方向的半径延长线）。4 个箭头分别代表 4 部分球面上所受到的基本物质的撞击压力之和。箭头 1 的反方向是太阳的方向。

我们知道，如果箭头 1 和箭头 3 的合力大小正好等于箭头 2 和箭头 4 的合力大小，那么地球不会产生旋转的趋势。如果这 4 个箭头代表的合力中的任何一个发生变化，那么地球就可能产生旋转的趋势，结果只是旋转趋势的方向不同。

在上图中，箭头 1 是指从太阳的方向撞向地球的基本物质粒子的撞击压力和，其中太阳必然阻挡了一部分本来可以撞击到地球的基本物质粒子。在箭头 2、3、4 方向的基本物质撞击压力并没有变化。此时我们再次对合力进行分析，如图 2-8 所示（为了形象表示，我们用数字大小来表示 4 个箭头所代表的压力大小，我们假设箭头 2 代表的合力大小是 10；箭头 3 代表的合力大小也是 10；由于地球运动的影响，地球运动正方向上得到基本物质粒子的撞击数量要多于地球背离运动方向上得到的基本物质粒子撞击数量，因此我们用 9 代表箭头 4 的合力；箭头 1 的合力，则情况非常复杂，由于太阳的阻挡，其合力可能会有多种情况，在此我们简化复杂的情况，只用 8 来代表）。

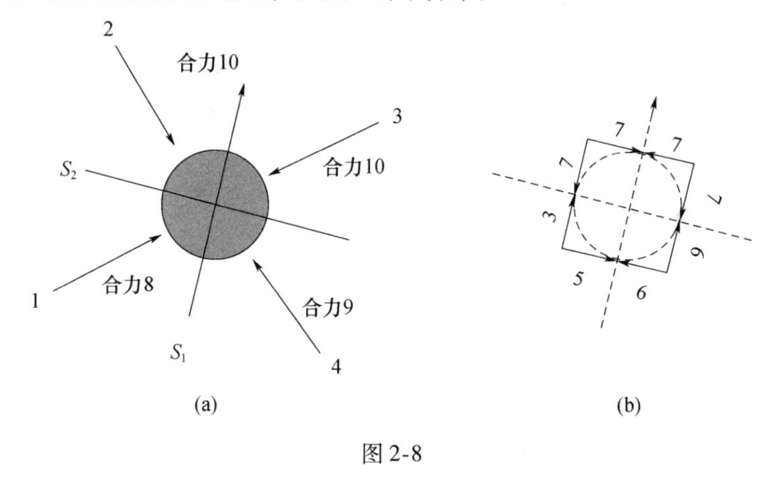

图 2-8

如果我们对所有的合力进行表面分解，最终可以得到图 2-8（b）所示的情况（数值不精确，此处只是代表意义，同时 3 和 5 两个数值可能会互换，这取决于地球和太阳的中心连线是位于 8 等分线的上方还是下方）。对所有分解出的力进行累加操作。最终的结果如图 2-9 所示。

我们把所有的力都合成后，得出图 2-9（b）最终结果，从图中我们马上就可以看出 3 大于 1，也就是说地球具有逆时针运转的趋势。

如果如我们前面所说的，地球和太阳的中心连线从 8 等分线的下方转移到上方，那么此时的 5 和 3 的位置互换了，那么最终的结果是 3 和 1 的位置互换，则此时具有顺时针旋转的趋势。因此地球在运行的过程中，因为基本物质密度变化所导致的旋转趋势是在不断变化的，如果在整个轨迹过程中，我们对逆时针旋转趋势对地球自转造成的影响和顺时针旋转趋势对地球造成的影响进行量化后，就可以很容易地判断地球到底是要进行顺时针还是逆时针旋转了。

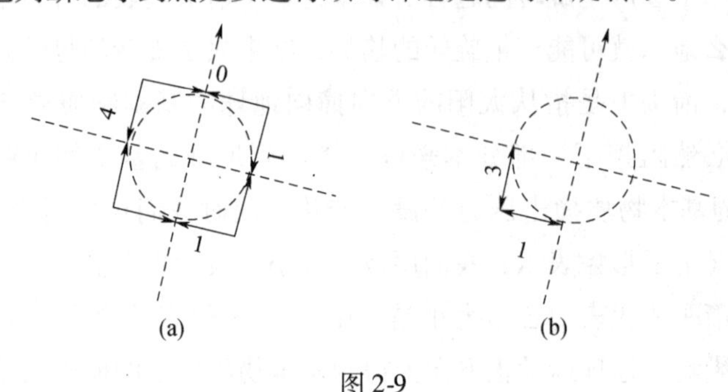

图 2-9

通过分析我们可知，地球受到的逆时针旋转趋势和顺时针旋转趋势的时间差取决于地球运行轨迹的椭圆曲率的变化。换句话说，行星的运行轨迹中椭圆曲率可能是决定行星的旋转方向不同的根本原因。

2.4 傅科摆引力异常实验分析

2.4.1 傅科摆实验

19 世纪中期，法国物理学家傅科进行了一个著名的摆动实验，这个实验也被后世称作“傅科摆”实验。在这个实验中，傅科证明，地球一直处于自转之中，而且傅科摆也会随着地球自转而进行规律性摆动。

2.4.2 傅科摆引力异常实验

傅科摆实验引起了很多人的兴趣，莫里斯·阿莱（Maurice Allais）就是其中之一。1954 年，阿莱做了一个有趣的实验。这个实验持续了 30 个日夜，其间他一直在巴黎实验室记录傅科摆旋转的方向和速度，想了解傅科摆是否真能反映地球的自转情况。巧合的是，在实验期间，正好出现了一次日食。没有出现日食的时候，傅科摆的摆动很正常，每小时摆动过的角度是一样的，对巴黎这个位置来说，傅科摆每小时转过的角度是 11.3°。但是在 2.5 个小时的日食期间，傅科摆的转动出现明显的异常——摆动平面突然反方向偏转了大约 13.5°，也就是说，巴黎的傅科摆本来逆时针偏转，但是在日食期间，它的摆动顺时针偏转了 13.5°，然后继续摆动，并且每小时转过的角度还是11.3°。日食即将过去时，傅科摆竟然又突然逆时针偏转13.5°，也就是说，从那13.5°的偏转又回来了。

怎么会出现这样的现象呢？莫里斯·阿莱不敢相信自己的眼睛。为了验证傅科摆引力异常是否与日食有关，在1959年的日食期间，莫里斯·阿莱将两只改进的单摆分别放置在距离6km的两地，并且一个在地面上，另一个在57m的地下，结果地面上和地下的单摆都观测到与1954年几乎同样的结果，也就是傅科摆在日食期间的摆动面会突然偏转13.5°。

在1961年发生的一次日全食时，三位罗马尼亚科学家的单摆实验也出现了相似的结果，但当时他们并不知道莫里斯·阿莱已经做过相同的实验。

莫里斯·阿莱的发现引起了世人的注意，一些科学家看了他的文章之后设法重复他的实验。1970年，在美国，萨克斯尔（Erwin Saxl）和艾伦（Mildred Allen）观察了单摆在一次日全食开始前、进行中和结束后摆动的全过程，与莫里斯·阿莱所得结论一样，他们也注意到日食开始时单摆的不规则摆动，但他们使用了一个完全不同于莫里斯·阿莱所用的实验装置：一只摆杆既短且质地坚硬并且摆锤为尖锥形的傅科摆。

我国科学工作者也对引力异常进行了系统的观测。1976年4月29日，在我国新疆地区发生了一次日环食。中国科学院物理研究所王榴泉等人使用了一种水平摆式倾斜仪和一台光点自动跟踪装置。在光点自动跟踪的笔记录纸上，记录到了三个叠加在本底之上的微小倾斜。前两个倾斜发生的时间几乎以食甚为中心前后对称，前后各距约45min，每次倾斜持续时间约为10min。第三个倾斜是紧接着复圆发生的，持续时间约为35min。显然，这三次倾斜都与日食有关。

此外，在1979年9月6日，北京发生月食期间，中国科学院物理所的吴永生等人也利用扭摆和其他辅助仪器进行了一次观测，得到了与美国物理学家萨克斯尔观测到的相似的结果。

2.4.3　傅科摆引力异常之谜

傅科摆引力异常的问题被莫里斯·阿莱公布之后，虽然很多科学家也进行了相关的研究，而且很多研究者也是在日食期间发现同样的引力异常现象，但是直到今天，物理学家都找不到合适的理论来解释。两大著名的引力理论——“万有引力”和“广义相对论”更是既不能预测，也不能解释。

那么究竟是什么原因导致的引力异常呢？

现在我们知道“类引力效应”的本质是基本物质粒子的撞击压力差导致的，

而这个撞击压力差是和两个产生“类引力效应”物体的横截面面积有关系的。在傅科摆实验中，没有发生日食的时候，撞击到傅科摆上的基本物质粒子的数量和太阳、月亮、地球都有关系，其关系如图 2-10 所示。

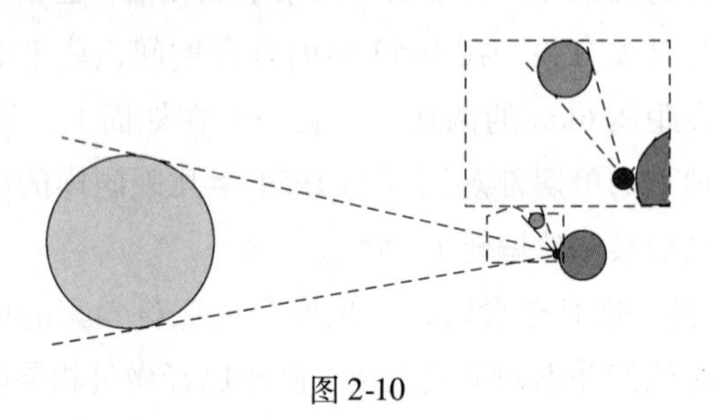

图 2-10

注：圆面积从大到小依次代表太阳、地球、月亮，下同。

由图 2-13 可以看出，此时的太阳、月亮、地球分别在傅科摆不同的方向上阻挡了基本物质粒子对傅科摆的撞击。我们对此时的傅科摆进行受力分析，其受力结果如图 2-11 所示（4 个状态的受力示意图分别是：傅科摆单独存在于宇宙中；傅科摆在地球表面；傅科摆在地球表面，假设天空中是月亮；傅科摆在地球表面，并且假设天空中太阳和月亮，同时并没有发生日食）。

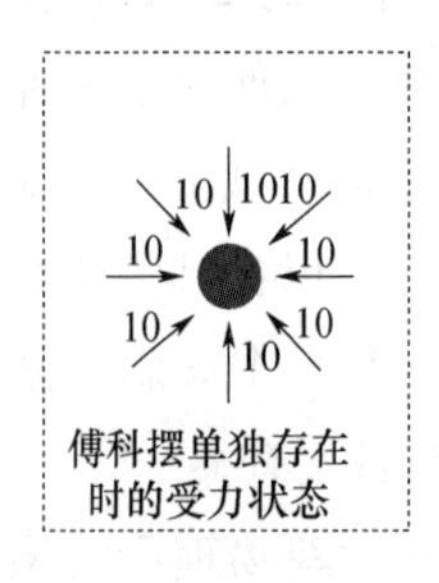

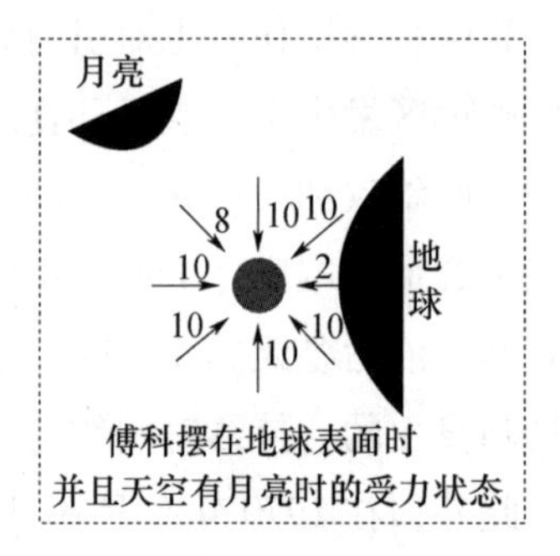

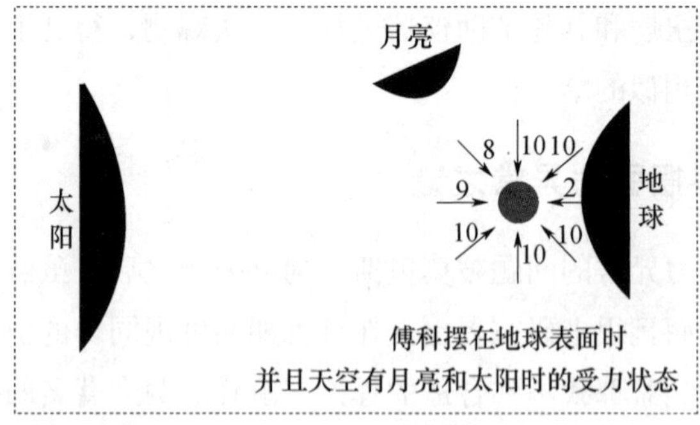

图 2-11

由图 2-11 可以看出，如果天空没有月亮和太阳，傅科摆上所有基本物质粒子撞击的合力大小为 8（受力大小是示意图，不是真实的受力），指向地球的方向；月亮出现后，对受力进行合并后可以看出，此时的傅科摆受到了2个不同方向的力，一个大小为8，指向地球，另一个大小为2，指向月亮，继续对两个力进行分解和合并后可以看出，指向地球方向的力变小了，成为$8-\sqrt{2}$，也就是说此时傅科摆的重力数值应当减小了。另外，傅科摆还受到了指向顺时针方向的力，大小为$\sqrt{2}$，因此傅科摆此时有顺时针旋转的趋势；当太阳也出现在天空的时候，对傅科摆的受力进行分解和合并后，可以看出傅科摆的重力数值再次减小。也就是说当天空依次出现月亮和太阳的时候，傅科摆的重力数值应当出现两次减小的过程（实际情况要复杂得多，月亮、太阳、傅科摆、地球的位置变数很大。我们要考虑月亮、太阳、傅科摆、地球，在一条直线上的情况，还有月亮、太阳、傅科摆在一条直线上，而地球在这条直线以外的位置等；此外，即使地球在这条直线以外，还有距离直线的远近以及角度等各种情况）。

在日食发生的时候，太阳、月亮、地球的位置关系发生了变化，如图2-12所示。

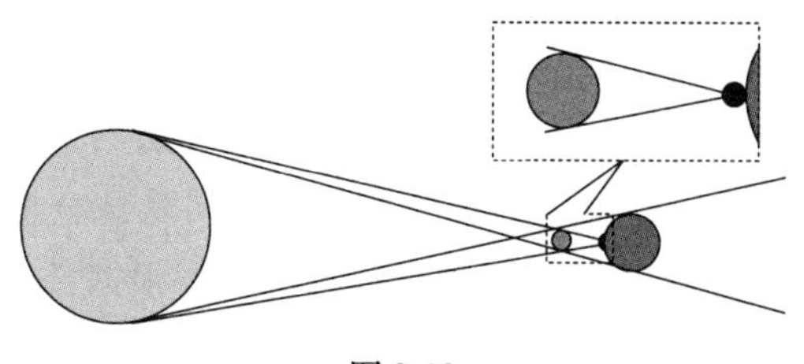

图2-12

由图2-12可以看出，此时太阳和月亮的位置对傅科摆来说部分或完全重合在一起，因此此时变成只有月亮和地球在傅科摆不同的方向上阻挡了基本物质粒子对傅科摆的撞击（日全食的时候）。我们对此时的傅科摆受力进行分析，如图2-13所示。

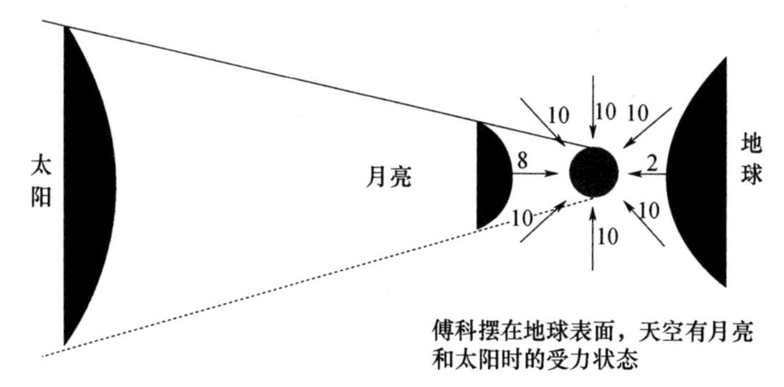

图2-13

对比图2-11和图2-13可以看出，在日食出现后傅科摆的受力情况会再次出现变化，假设此时月亮、太阳、傅科摆、地球在一条直线上，那么此时傅科摆受到的合力会增大。因为月亮、太阳、地球都在运动，并且有的在运动时还在自转，因此实际上它们的位置关系非常复杂，这使傅科摆的受力分析也变得非常复杂。如图 2-14 所示，日食的时候傅科摆受到的重力会减小。

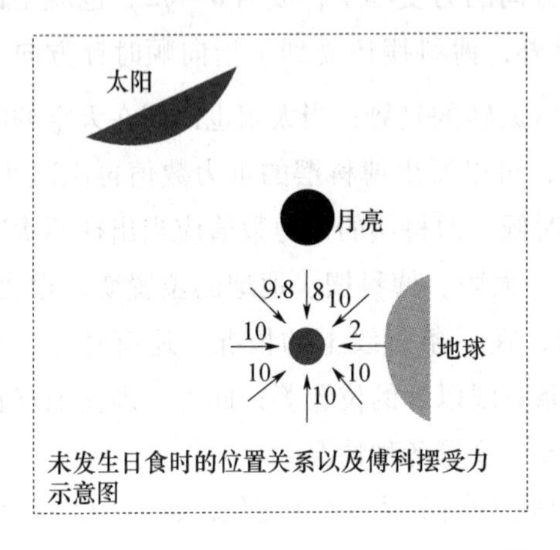

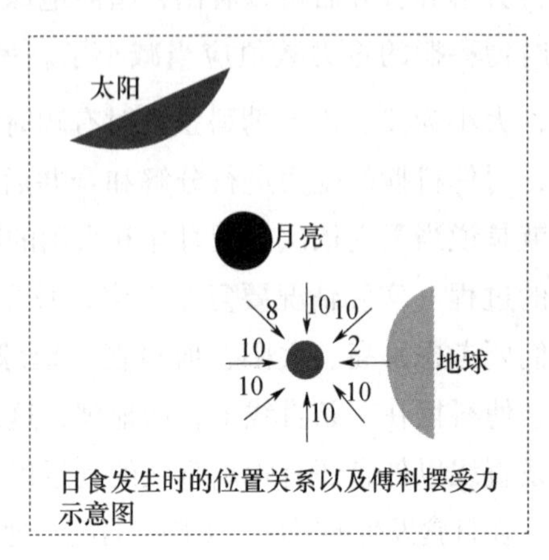

图 2-14

在地球上的不同区域观测日全食时，位置的变化会对傅科摆的受力产生极大的影响，如图 2-15 所示的五种观测者的视角下，同是日全食，傅科摆的受力却出现非常明显的不同，因此，对傅科摆的受力情况要根据具体情况具体分析（数值没有意义，仅供参考）。

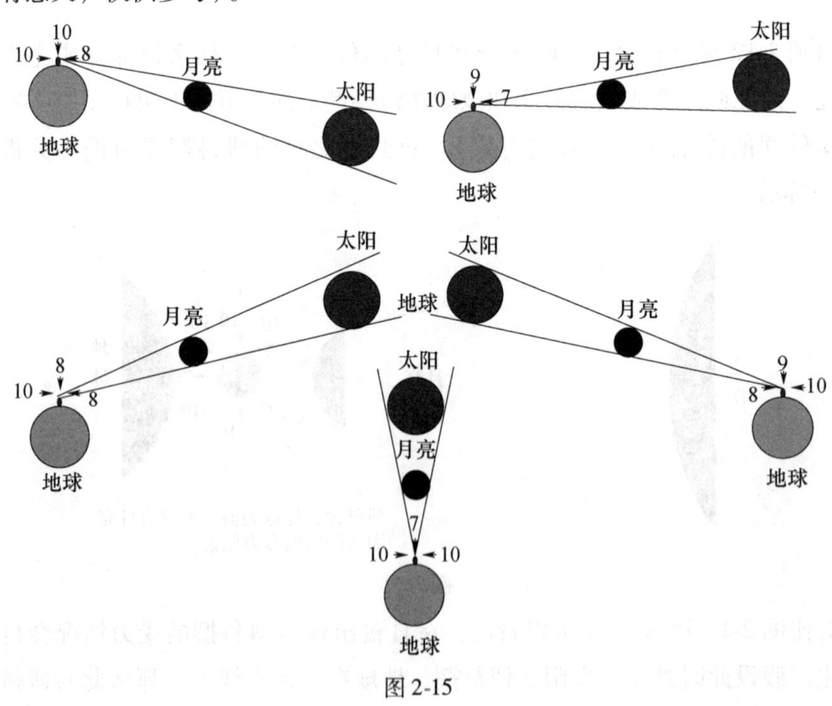

图 2-15

2.5 拉格朗日点原因分析

2.5.1 拉格朗日点的定义

拉格朗日点指受两大物体引力作用下，能使小物体稳定的点。在两个大物体的引力作用下，在空间中的一点处，小物体相对于两大物体基本保持静止。该说法由法国数学家拉格朗日于1772年推导证明，由此命名。

2.5.2 拉格朗日点的形成原因

太阳系本身是因为太阳对基本物质粒子的阻挡而形成的一个基本物质粒子密度变化区域。位于太阳系内的地球，其本身也会形成一个以地球为中心的基本物质粒子密度变化区域，我们暂且称之为地球系。因为地球系位于太阳系内，因此太阳系和地球系是重叠在一起的（太阳系包含地球系），我们对这两个系进行分析，如图2-16所示。

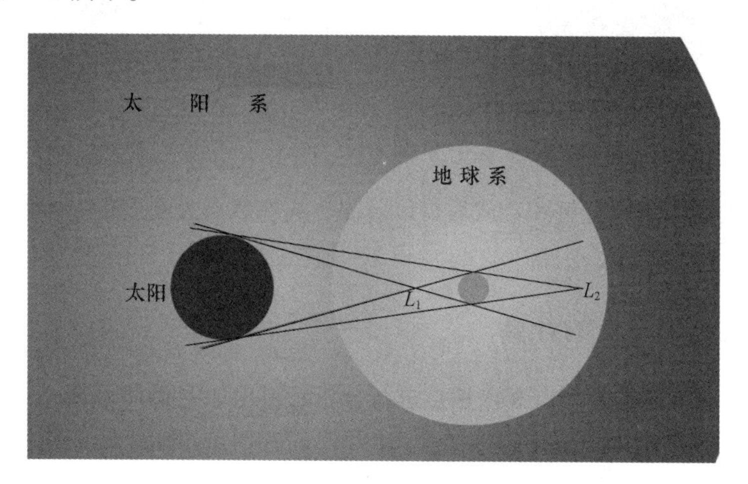

图2-16

由图2-16可以看出，存在一个这样的区域，这个区域位于两条外切线以及外切线交点的内部，并且位于地球表面外部靠近外切线交点一侧的区域，在这个区域内由于地球恰好完全挡住了来自太阳方向的基本物质粒子的撞击，因此，这个区域内基本物质粒子的密度变化只和地球有关系（不考虑基本物质粒子对地球的穿透能力）。在地球围绕太阳公转的过程中，这个区域内的基本物质粒子密度始终保持不变（假设宇宙中的基本物质粒子密度接近一致，并且基本物质粒子的速度足够快，这样可以保证被地球遮挡区域内的基本物质粒子密度变化不会有延迟)，也就是说，如果卫星的位置始终位于这个区域内，那么卫星受到的重力数值会维持在一个稳定的状态。外切线的交点 L_1 则是这个区域的临界点，超过这个临界点的高度以后，基本物质粒子的密度变化同时受到了太阳和地球的阻挡作用，因此重力数值的计算会趋于复杂，并且也会变得不稳定，所以 L_1 点成为卫星高度的临界点。

同样由图 2-16 可以看出，位于太阳和地球之间的内切线交点 L_2 也是一个特殊的点，到达该点处的基本物质粒子数量在任意成对的方向上、在任意时刻都可以看作是一致的，如果把一个绝对静止的物体 m 放置在该处，那么 m 在任意时刻在任意成对的两个相反的方向上受到的基本物质粒子撞击数量都相同（假设宇宙中的基本物质粒子密度是均匀的)，因此 m 在该处可以保持静止，对 m 的受力分析如图 2-17 所示。

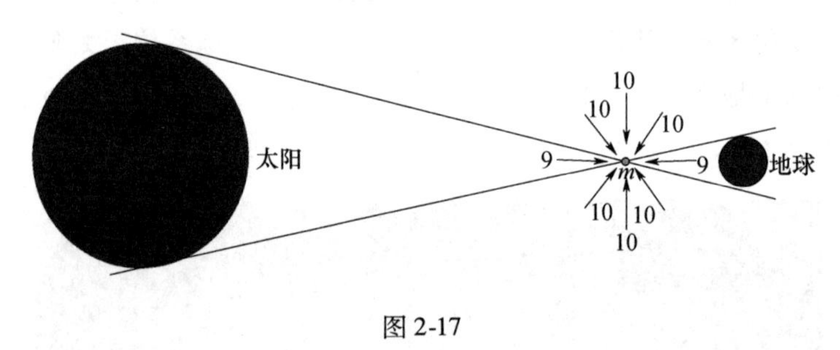

图 2-17

对 m 的受力进行分解和合成后可以看出，m 在该点处受到的基本物质粒子的撞击的合力值为零。

2.5.3 拉格朗日点的计算

对太阳和地球的外切点和内切点进行分析后得出如图 2-18 所示。

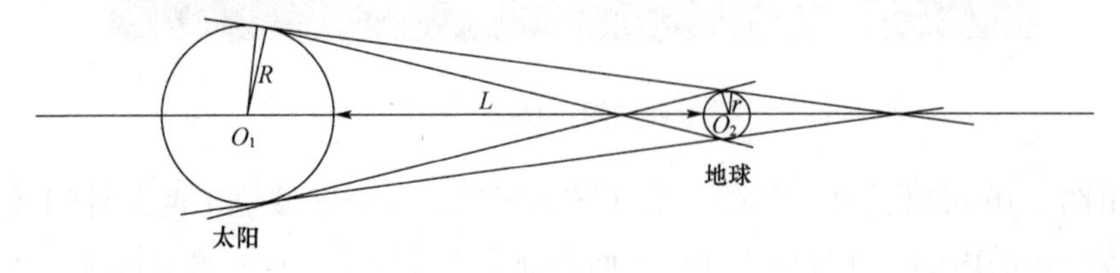

图 2-18

图 2-18 中外切点计算公式为

$$x_1 = \frac{Lr + 2r^2}{R - r}$$

式中，R 为太阳半径；r 为地球半径；L 为太阳和地球之间的距离；x_1 为外切线交点距离地球表面的距离。

代入各项数据计算得出 $x_1=1400000\text{km}$。这个数据与现在已知的 L_2 点的距离 1500000km 相差 100000km。如果我们把地球的大气层对基本物质粒子的阻挡效果也考虑在内，同时还要考虑因为大气的稀薄程度不同，从而对基本物质粒子的阻挡效果不同，那么计算得出的 L_2 点距离地球表面的距离应当就是实际的 L_2 的高度。

图 2-18 中内切点计算公式为

$$x_2=\frac{Lr}{R-r}$$

式中，R 为太阳半径；r 为地球半径；L 为太阳和地球之间的距离；x_2 为内切线交点距离地球表面的距离。

代入各项数据计算得出 $x_2=1400000\text{km}$。

2.6 基本物质粒子的可能属性

2.6.1 基本物质粒子

为了更好的理解产生“类引力效应”的基本物质粒子，我们首先要理解无限小以及极限小的问题。无限小不等于没有，物质并不会因为我们眼睛看不到，或者我们的科技水平无法探测到，就等同于不存在。从理论上来说，只要我们制作的刀足够小，那么物质就可以被无限分割。从现实的意义出发，宇宙中不存在无限小的刀，因此，宇宙中只能存在极限小的物质。

我们假设宇宙中存在一种这样的极限小物质，我们称之为“基本物质粒子”，并且它具有下列的特性：

自然条件下，它无法再被继续分割，因此我们可以认为这种物质是宇宙中的极限小物质。在这里我们应当思考一个问题，撞击对物质的破坏程度有没有上限。如果我们假设宇宙速度上限是 v，极限小的质量是 m，那么我们是不是可以这样理解：以宇宙速度相互撞击的物质所能产生的体积最小的物质的质量是 m，如果想要得到比 m 质量更小的物质，那么我们就需要提高宇宙速度的上限，然而宇宙速度是与生俱来的，是宇宙的本质存在，因此，如果宇宙中不存在比宇宙速度更快的速度，那么宇宙中也就不存在比 m 质量更小的物质。

基本物质粒子具有宇宙上限速度 v，前面我们已经分析了宇宙速度应当存在上限，而不是无限大。基本物质具有上限速度 v，说明基本物质都具有初始动量，也就是说，所有的基本物质都在运动，这个属性应当是宇宙中基本物质粒子的基本属性，是与生俱来的。如果运动的过程中没有与其他任何的粒子相撞，那么它们的运动方向不会改变，即一直沿着直线运动下去。也就是说牛顿第一定律对于基本物质的运动来说依然是适用的。

基本物质虽然是宇宙中极限小的物质，但不代表它就是实心的，因此，在两个基本物质的撞击过程中，它们可能会发生形变并聚合到一起，也可能在发生形变后并没有聚合到一起，而是借助形变能的恢复力再次分开，就当什么都没有发生。如果在撞击的过程中发生了形变后聚合到一起，则会产生新的粒子。具有一定速度的新的粒子在运动过程中继续不断与其他粒子撞击，继续聚合，当然也可能会重新分解，最终重新恢复为基本物质粒子。在撞击并聚合的过程中，部分动能会转变为形变能储存起来，根据动量守恒定律可知，聚合后的粒子速度一定小于没有聚合前的粒子速度。

基本物质粒子以某种密度存在于宇宙中，并且任何相邻的区域内的基本物质密度都接近恒定，在足够的时间内，宇宙中任何相邻或不相邻的区域内的基本物质密度都接近相等或恒定。在此，为了理解这种粒子的体积和密度，我们可以想象一下，$1m^3$ 内如果只有一个直径 1m 的球，那么此时球的密度数值是 1；如果球的直径是 1cm，那么 $1m^3$ 内可以容纳 1000000 个这样的球，此时球的密度数值可以在 0 到 1000000 之间；如果球的直径是 1mm，那么 $1m^3$ 内可以容纳 1000000000 个这样的球，此时球的密度数值可以在 0 到 1000000000 之间。如果球的直径可以无限小，那么球的密度数值就可以无限大。现在，我们假设电子是粒子，并且具有体积 V，同时我们假设基本物质的质量为 m，此处用 m 粒子代替基本物质。因为 m 粒子是宇宙中体积极限小的物质，我们可以假定 m 粒子的直径是电子直径的千分之一，如果此时我们以电子的体积 V 为体积单位，那么 m 粒子的密度数值可以在 0 到 1000000000 之间（在电子和 m 粒子都是立方体时成立），而我们知道，电子的体积 V 相对于 $1m^3$ 来说可以忽略不计，所以，当我们以立方米为单位来统计 m 粒子的密度的时候，那会是一个天文数字，即使电子体积 V 内只有 10000 个 m 粒子，这个密度数值也会大的不得了。说完了 m 粒子的密度概念，现在我们来讨论 m 粒子的相撞概率。还是假设当电子体积 V 内有 1000000000 个 m 粒子，恰好填满体积 V，但如果宇宙中基本物质粒子的密度在体积 V 内只有 100000 个 m 粒子，并且密度接近均匀，飞行方向任意的时候，那么

m 粒子之间的相撞概率则无限趋于零。即使我们把电子以累加的方式填满 $1m^3$，m 粒子的相撞概率依然接近于零。

如果基本物质粒子的速度是宇宙速度 v（自然条件下物质所具有的速度可以达到的上限），质量是 m，那么我们可以认为在任意时刻，基本物质的动量大小是 mv。在前文中我们讨论过，两个基本物质粒子相撞可以发生形变。如果两个基本物质粒子发生对撞，且形变后保持静止，那么经过计算可知，此时聚合后的物体的质量为 $2m$，速度为 0，其整体动量大小为 $2m \times 0 = 0$，然而，我们刚才说相撞之前两个基本物质各具有 mv 大小的动量，那么相撞聚合之后，其必然具有 $2mV$ 的动量大小。消失的动量数值去哪了呢？再次经过分析可知，此时的动能转变成了形变能。也就是说存在于宇宙中的任何粒子，只要其速度小于宇宙速度上限 v，就必然有部分动能转变为形变能储存在粒子内部，这些粒子在条件合适的时候都可能再次全部分解，或部分分解，重新还原为全部或部分基本物质粒子。

如果宇宙速度上限是 v，基本物质粒子质量是 m，那么此时基本物质粒子的动能是（假设动能定理正确）$e = mv^2/2$。假设宇宙中任何质量大于 m 的粒子都是由基本物质粒子在不断地撞击、聚合、撞击、再聚合的无始无终的宇宙时间中形成的，那么该粒子内部必然储存了一定的形变能。假设该粒子此时的质量为 m_1，速度为 v_1，那么必然满足 $v_1 < v$，则其储存的形变能为 $E = m_1\ (v^2 - v_1{}^2)\ /2$。

如果任意体积大于基本物质粒子的粒子 α 都是由基本物质粒子经过撞击形变后聚合到一起的，那么基本物质粒子本身肯定不是纯粹的实心体，否则不可能会因为撞击而产生形变，因此由不是实心体的基本物质粒子形变后形成的 α 粒子是实心体的概率则接近于 0。α 粒子的体积越大，则其是实心体的概率越低。同样 α 粒子的体积越大，由于撞击后产生形变的任意性，则其存在孔洞的概率越高。也就是说 α 粒子的体积越大，当基本物质粒子撞击到它以后，穿过它的概率也越大。

如果电子和原子核之间可以依靠基本物质粒子的撞击压力差来维持互相束缚的状态，并且可以持续很久，那么说明在基本物质粒子的持续撞击下，电子的动量大小并没有发生太大的变化。这需要满足两个条件：首先，基本物质粒子的速度远远超过电子的速度，只有这样才能在任意时刻，任意成对的正反方向上让电子受到基本物质粒子撞击的概率相同或相近；其次，基本物质粒子有一定的概率可以穿透电子，这样可以进一步降低电子因为正反方向基本物质粒子撞击的数量不同而产生太大的动量变化。因此，即使是电子，它也可能是一个类似蜂窝状的结构，其实这也很好理解，因为基本物质粒子在撞击后聚合的过程中是任意的。

或者，我们可以这样认为，所有体积大于基本物质粒子的粒子都可能是蜂窝状的结构，体积越大，蜂窝状越明显。

假设质能方程式的结果正确，或者接近正确，那么对于电子来说则有 $E = m_1 (v^2 - v_1^2)/2 = mc^2$，经过简化后可以得出宇宙速度上限 $v = \sqrt{3}c$，也就是说宇宙速度上限至少是光速的 $\sqrt{3}$ 倍。实际上这个速度数值可能远远小于真实的宇宙速度上限，因为电子要想在充满基本物质粒子的空间内长时间运动而动量大小变化不大，那么就需要基本物质粒子的速度远远超过电子的速度，这样才能保住电子在运动的过程中，在其运动方向上和运动的反方向上受到的基本物质粒子数量相差不大，只有这样电子的速度才不至于快速变化。注意：按照我们的推断，基本物质粒子的速度，也就是宇宙速度上限应当远远超过光速，因此，动能定理和质能公式可能并不适用于基本物质粒子。

2.6.2 基本物质粒子的撞击压力

任何存在于宇宙中的粒子，只要体积大于基本物质粒子，都可能会因为阻挡基本物质粒子的撞击而产生动量的改变，我们把这种由基本物质粒子对其他粒子的撞击而产生的动量改变的作用力叫作撞击压力。

任何两个相邻的粒子，如果在基本物质粒子的撞击下产生了类似于互相吸引的效果，我们就可以把这种由于互相阻挡而导致的粒子表面受力不均匀的效果称为撞击压力差。

2.6.3 基本物质粒子对物质的穿透力

地球上的所有物质都是由电子和原子核组成的，而电子和原子核之间存在着巨大的空间，因此对位于地球上的任意两个物体 A 和 B 来说，他们之间可以互相阻挡的基本物质的数量取决于物体内部原子核和电子的数量，以及物体本身内部原子核之间的排列顺序。同样多的原子核和电子，其内部原子核排列的有序性是影响其对基本物质粒子的阻挡概率的重要因素。此外，电子和原子核也不是纯粹的实心体，因此原子核和电子的数量相同的情况下，原子核和电子的结构也是影响其阻挡基本物质粒子撞击概率的一个因素。

理解了物体的构成对基本物质粒子撞击阻挡概率以后，就可以知道为什么我们很难感受到物体对我们的吸引力了。即使站在一堵厚度达到5km 的墙面前，我们也不会感受到墙壁对我们的吸引，根本原因是我们自身可以阻挡的基本物质粒子数量是有限的。

2.6.4 物体对基本物质粒子的阻挡效果

任何粒子或粒子的组合体，只要其阻挡基本物质粒子撞击概率大于0，那么就会以该物体为中心，形成一个球形空间，在该球形空间内基本物质粒子的密度是逐渐变化的，靠近该物体的过程中，基本物质粒子密度越来越小；而远离该物体的过程中，基本物质粒子的密度越来越大，直到与宇宙中基本物质粒子平均密度持平为止。对于单一方向的阻挡效果则如图2-19所示：

单个物体对基本物质粒子的整体阻挡效果则如图2-20所示：

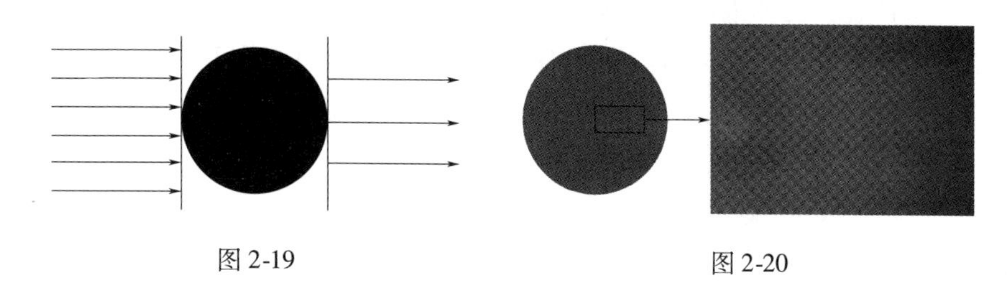

图2-19　　图2-20

图2-20中右侧的长方形区域是左侧球形区域内长方形区域的放大效果图。阴影的深浅代表了基本物质粒子的密度变化，可以看出距离物体越近，则颜色越浅，说明基本物质粒子的密度越低；反之，颜色越深则代表基本物质粒子的密度越高，并最终与宇宙基本物质粒子的平均密度接近或持平。

2.6.5 类引力效应的计算公式

宇宙中的任意2个物体A和B，如果由于基本物质粒子的撞击而产生了类似于互相吸引的效果，则A和B之间的关系都可以用图2-21来表示：

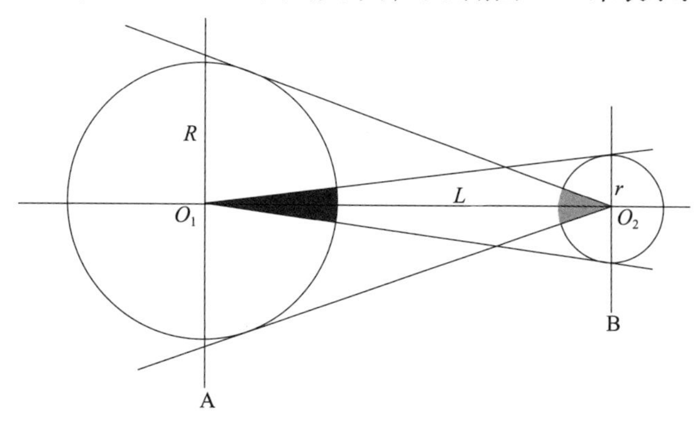

图2-21

我们把这个关系进行量化后得出下列公式：

$$F=(f(x))\times 2\pi R\left(R-\sqrt{R\times R-\left(\frac{r\times R}{R+r+L}\right)^{2}}\right)$$

式中，R 为物体 A 的半径；r 为物体 B 的半径；L 为物体 A 和 B 质心连线，同时减去两个物体半径长度后的距离；$f(x)$ 为单位面积上所受到的基本物质的撞击力，它是一个函数，与物体 A 和 B 对基本物质的阻挡概率有关。

很明显当物体的体积很小的时候，$f(x)$ 与物体内部的电子和原子核的数量以及分布有关，比如人体。只有当物体的体积大到一定程度以后，才可以近似地使用面积来计算，比如太阳和地球。即便如此在计算太阳和地球的类引力的时候也不能完全套用面积，因为地球和太阳不是一个数量级的，几千千米对于太阳来说可以忽略，但是对于地球来说就不能忽略了，而是要用微积分的方式进行计算。

3　原子模型理论的探讨与修正

3.1　原子核和电子

3.1.1　宇宙的粒子性

宇宙是物质的世界，宇宙也是粒子的世界，宇宙中的任何物质都是由基本物质粒子在漫长的宇宙时间中不断地撞击、聚合，然后再次撞击、再次聚合而形成的，当然这个过程中也会因为撞击而发生分解，只不过撞击、聚合、撞击、分解等是循环发生的，并且永无停止。既然粒子的撞击是随意的，并且永无停止，那么，从粒子的范围理论上来说是从极限小的基本物质粒子开始到无穷大，也就是说宇宙中粒子的范围在理论上来说无穷多。

3.1.2　电子的定义

任何在基本物质粒子的撞击压力差之下可以围绕其他粒子运动的粒子统称为电子。

理论上来说宇宙中粒子的范围无穷大，因此理论上电子的范围也应当无穷大，但是因为随着粒子质量的增加，其速度会越来越慢，而粒子的速度是决定其是否可以围绕其他粒子运动的关键因素。因此，一个粒子是否可以成为电子，取决于两个因素：

（1）粒子的动量大小必须大于0。

（2）该粒子所在的环境中存在其他质量更大的粒子，并且质量更大的粒子可以通过基本物质粒子的撞击压力差来束缚该粒子。

3.1.3　原子核的定义

任何在基本物质粒子的撞击压力差之下可以束缚其他粒子围绕自己运动的粒子统称为原子核。

同电子一样，理论上来说原子核的范围也应当无穷大。一个粒子是否可以成为原子核，只要满足一个条件就可以了，那就是该粒子通过基本物质粒子的撞击压力差可以束缚其他粒子围绕自己运动。

虽然原子核可以束缚其他粒子围绕自己运动，但这不代表原子核就是静止的，这取决于粒子在形成的过程中与其他粒子的撞击并聚合的结果，并且因为宇宙中的粒子撞击是随意且永无休止的，因此，理论上来说绝对静止的原子核应当不存在，即使在某一个时刻因为撞击而处于绝对静止状态，但是下一刻另外一次撞击就会让该原子核再次进入运动状态。

一般情况下，对绝大多数原子核来说，原子核的质量越大，速度越慢；相反，原子核质量越小，则速度越快。对任何分子来说，组成该分子中单个原子核的运动速度都是影响该分子整体振荡幅度以及振荡频率的重要因素。

3.1.4 电子和原子核的区别与联系

按照宇宙的粒子性来说，电子和原子核都是粒子，都是在宇宙的漫长时间中由基本物质粒子撞击并聚合后形成的，因此它们之间没有明显的区别与界限。一个粒子可以被其他粒子所束缚并围绕其他粒子运动，那么它就是电子；如果该粒子同时还能束缚其他粒子围绕自己运动，那么它就是原子核。因此，一个粒子是电子还是原子核，我们要根据具体的情况判断。比如地球在围绕太阳运动的时候，我们认为地球属于电子的范畴。同时地球也在束缚月球围绕自己运动，因此，我们也认为地球属于原子核的范畴。

3.1.5 原子核的结构

根据我们对天体研究的经验，越大的天体的形状一般会越接近圆球，而越小的天体的形状则变化无常，这是因为越大的天体，在漫长的宇宙时间中，其各个部位受到撞击的机会越接近，而在宇宙中撞击并不一定意味着破坏和毁灭，它同时还意味着接收到新的物质。天体的体积越大，说明受到撞击的次数越多（当然天体解体造成新天体的诞生，是特殊情况），而在宇宙中的撞击是没有任何规律的，因此天体任何部位的撞击概率均相近，撞击次数越多，平均到每个部位的撞击次数就越接近，虽然撞击天体的物体的体积不能确定，但总体上来说，天体越大，则其每个部位接收到的物质的质量越接近，而其形状也越接近于球形。

在微观粒子世界，也遵循同样的规律，只不过进行撞击的不再是多原子核组成的天体，而是比原子核更小的微观粒子，因此对处在原子核级别的粒子，其体积越小，则形状的不规则性可能越强。

遵循以上原理，同样是原子核，氢原子核的原子量小，或者说质量小，因此其体积也必然小，所以相对于同为原子核级别的原子量更大的其他原子核来说，氢原子核的形状不规则性要强于其他原子量更大的原子核。同理，原子量越大，说明体积越大，其受到的撞击次数也越多，因此相比原子量小的氢原子核来说，其形状越规则。

原子核的内部结构则要复杂得多。因为物质理论上可以无限小，所以任何实心的物体在无限放大后都会出现空心的部分，即使在自然条件不可再分割的基本物质也是如此，否则基本物质就不可能会因为碰撞而发生形变。而原子核是各种粒子在无限次撞击后形成的，因此原子核的结构也是随机的，但一般情况下原子核的结构会与它存在的环境有一定的关系。在宇宙中存在各种各样的粒子环境，而粒子的大小和动量决定了粒子所具有的性质以及我们根据粒子的大小和动量所定义的区分范围，而不同的粒子在撞击的过程中形成的原子核的构造肯定也是有区别的。粒子的体积越大，则经过撞击后形成的原子核的内部构造存在大的空腔的概率越大；反之，粒子的体积越小，则经过撞击后形成的原子核的内部构造存在大的空腔的概率越小，同时表明该原子核的内部构造也越均匀。

原子核的形状和内部构造对原子核的质心位置有决定性的作用，质心决定了原子核在受力时的位置变化量。很明显，原子核的形状越接近于球形，并且结构越均匀，它的质心则越接近于球形的中心位置。

3.2　电子环

3.2.1　原子核之间结合方式的猜想

为了理解原子核与原子核之间的关系，我们先看一个假设（图 3-1）：

（1）太阳系中现在出现了第二个完全一样的太阳 B，并假设第一个太阳 A 的中心为 O_1，第二个太阳 B 的中心为 O_2。

（2）地球的运行轨迹与两个太阳中心的连线存在交点 O_3，且有 $O_1O_3 > O_2O_3$。

（3）太阳 A 和 B 中心连线的等分点是 O_4。

（4）不考虑两个太阳之间的相互作用力。

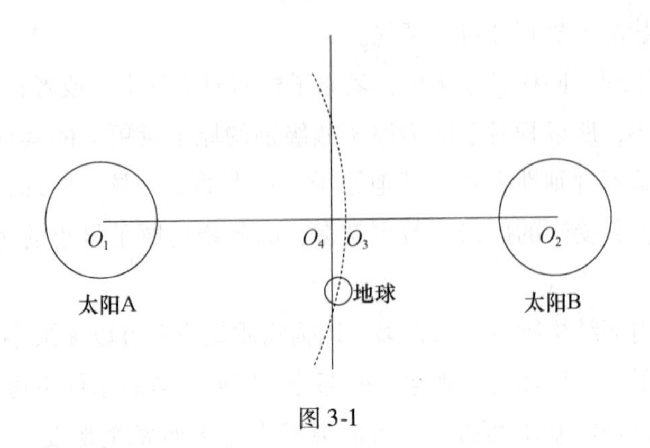

图 3-1

我们知道，如果没有第二个太阳，那么地球的运行轨迹不会改变。现在出现第二个太阳后，地球的运行轨迹必然受到影响，很显然，地球不能继续围绕第一个太阳运转了，因为它现在距离第二个太阳的距离更近，也就意味着它受到来自第二个太阳的束缚力要大于来自第一个太阳的束缚力，因此在越过了交点 O_3后，它的轨迹会偏离原来的运行轨迹（地球的运行轨迹应当在交点 O_3之前就出现了改变，在此我们为了便于理解，假定是在交点 O_3处才开始改变），然后成为第二个太阳的行星。

地球虽然改变了运行轨迹，改为围绕第二个太阳运转，但是其动量大小并未改变（或者改变可以忽略不计，基本物质的速度越快，这种改变就越小），因此，当地球的轨迹再次与两个太阳的中心连线出现交点 O_5的时候，是存在 $O_1O_5 < O_2O_5$的情况的，那么，在越过交点之后，地球会重新围绕第一个太阳运转，如图 3-2 所示。

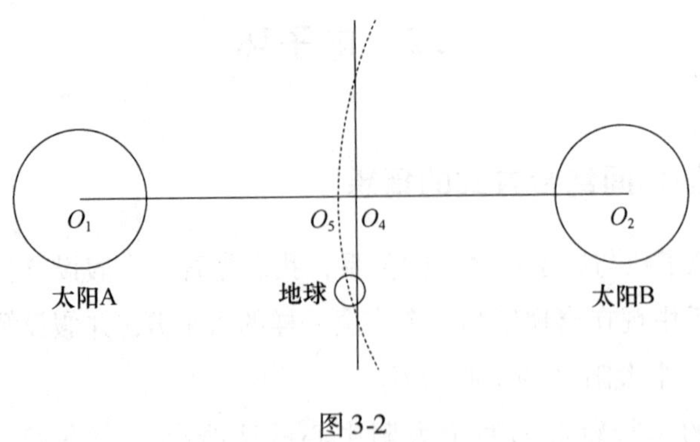

图 3-2

这种情况是循环的，也就是在我们假设的情况下，地球会轮流地围绕着两个太阳运转（当然，你还可以思考 $O_1O_3 = O_2O_3$的情况，此时的地球应当会沿着切线直飞出去）。

3.2.2 共有电子环

现在，我们回到电子与原子核的关系上来。因为，依据我们新建立的“类引力效应”理论，电子与原子核之间的关系和太阳与地球之间的关系是一致的，因此，当一个原子核靠近另一个原子核时，围绕任何一个原子核运行的电子的运行轨迹都可能会改变，如果距离合适，这些电子也会与两个太阳存在时地球的运行轨迹一样，改为轮流地围绕着两个原子核运转。

我们知道，原子核能够束缚电子，是因为原子核阻挡了一部分本来应当撞击到电子上的基本物质粒子；反过来，电子同样也会阻挡本来应当撞击到原子核上的基本物质粒子，这个作用不是单向的，而是相互的。当原子核外的电子数量有限的时候，电子对原子核的束缚力可以忽略，但如果原子核外存在大量的电子，那么此时我们就不能再忽略电子对原子核的作用力了。大量的电子同样可以束缚原子核，使得两个原子核既不能靠近，也不能相互脱离。

至此，我们得出修正后的原子模型理论：原子核束缚电子，使电子不能脱离原子核的束缚；反之，大量的电子同样也束缚了原子核，使两个原子核之间通过“共有电子环”来保持相互束缚的目的。

3.2.3 电子环的属性和特征

现在我们已经知道，基本物质的撞击压力差是地球围绕太阳运转的根本原因，同样也是电子围绕原子核运转的根本原因。而作用力是相互的，因此原子核可以束缚电子；反之，电子也可以束缚原子核，正是如此，我们才提出了电子环的概念。

经过分析可知，两个原子核通过电子环束缚结合到一起时，电子环中电子的轨迹并不是简单的两个轨迹的叠加，而是存在极其复杂的状况。

经过分析可知，单个原子核和单个电子的情况下，如果电子动量大小合适，并且与原子核之间的距离也合适，那么电子的轨迹可能接近正圆或椭圆，如图 3-3 所示。

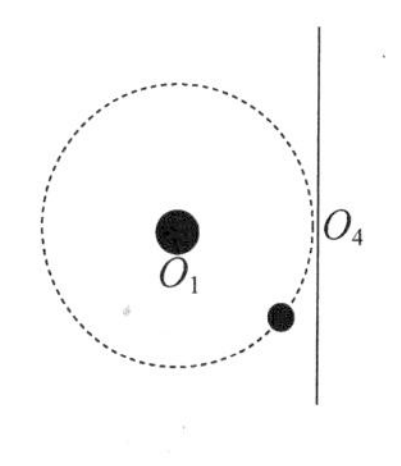

图 3-3

假设当前原子核标记为 A，其中心点为 O_1，此时有另一个原子核 B，其中心点为 O_2，持续靠近这个原子核，我们知道，如果距离足够远，原子核 B 对原子核 A 所束缚的电子的作用力可以忽略不计，但是因为 B 在持续靠近 A，那么总会有一个距离点，在 B 越过这个点后，A 所束缚的电子因为受到了来自原子核 B 的作用力，电子的轨迹开始发生改变。如果此前电子的轨迹是正圆，那么，电子的轨迹合成后可能会成为椭圆，或者至少在两个原子核中间的部分轨迹是椭圆的，如图 3-4 所示。

如果原子核 B 继续靠近，此时电子的轨迹已经越过两个原子核之间的对称线，经过分析可知，电子受到来自两个原子核的束缚力的大小发生了变化。第二个原子核 B 此时对电子的束缚力大于第一个原子核 A 对电子的束缚力，因此电子的轨迹发生了改变，它摆脱了原子核 A 的束缚，开始围绕着原子核 B 运动，如图 3-5所示。

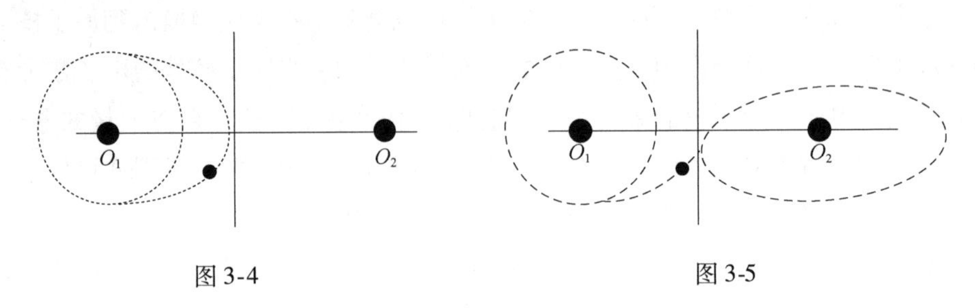

图 3-4　　图 3-5

在电子围绕着原子核 B 运动的过程中，如果没有第三个原子核的靠近，则电子会重新回到原子核 A 和原子核 B 之间的某个位置，然后电子受到的两个原子核的束缚力会再次进行更换，电子重新回到原子核的轨迹上运动。

如果此时原子核 B 不再持续靠近，同时也没有第三个原子核 C 出现，该电子会一直围绕着原子核 A 和 B 做交替运动。如果有第三个原子核 C 出现，并满足对电子束缚力的要求，那么这个电子可能会成为这个原子核的共有电子，如果还有原子核 D、E 等，则这个电子可能会成为所有原子核的共有电子。

经过分析可知，当两个原子核依靠大量的电子共有来维持双方的位置关系时，并不是这两个原子核所束缚的所有电子都会参与共有，而只有一部分会共有，这些共有的电子的轨迹形成一个圆环或椭圆环。这也是为什么我们会称之为“共有电子环”。

共有电子环在物质内部的情况有很多种，它们可能被两个原子核共有，也可能会被 $2+N$（$N\geqslant 0$）个原子核共有，这与原子核的构造有关系。共有就意味着电子的流动，但是无论电子被多少个原子核共有，正常情况下物质整体都不会显示出带电性，这是因为组成物质的电子的流动都必然是一个回路，而且是无序的，也就是说：自然条件下，一个稳定的物体，在物质内部的电子环中，在任意时刻、任意方向上的电子数量在概率上是相等的。

3.2.4 共有电子环中电子的种类

共有电子环中电子的种类取决于两个原子核所能束缚的电子种类的交集范围。假设 A 原子核所能束缚的电子动量大小范围是 50 ~ 100X，B 原子核所能束缚的电子动量大小范围是 80 ~ 150X，那么两个原子核形成的共有电子环只能包含动量大小在 80 ~ 100X 范围内的电子。

对 A 原子核来说，动量大小位于 50 ~ 79X 范围内的电子同样可能会因为受到原子核 B 的影响而改变运动轨迹。如果轨迹改变后脱离了原子核 A 的束缚，但又因为原子核 B 不能束缚该动量大小范围的电子，那么这些电子只能成为自由电子；如果轨迹改变后仍然在原子核 A 的束缚力范围内，并且再次脱离了原子核 B 的束缚力范围，那么这些电子依然会围绕原子核 A 运动。

对原子核 B 来说，动量大小位于 101 ~ 150X 范围内的电子同样可能会因为受到原子核 A 束缚力的影响最终脱离原子核 B 的束缚而成为自由电子；或者轨迹改变后再次脱离原子核 A 的束缚，并重新受到原子核 B 的束缚，那么这些电子依然会围绕原子核 B 运动。

任何一个共有电子环都不会只包含一种动量大小的电子，这取决于宇宙中粒子的复杂分布情况，同时也取决于原子核对电子的束缚力情况。通过太阳系内行星分布的复杂情况可以推断出，原子核外电子的分布情况同样非常复杂，虽然电子的动量大小不同，但是这些电子可以通过改变运行轨道的半径来达到满足围绕原子核运动的要求。也就是说，在同一个电子环中，有的电子会在一个半径很大的椭圆形轨道内围绕原子核运动；而有的电子则在一个半径很小的椭圆形轨道内围绕原子核运动。

3.2.5 电子环与原子核的关系

电子环的形状取决于原子核的构造。原子核构造的不同，使它对基本物质粒子的阻挡的概率和数量不同，而对基本物质粒子阻挡概率和数量的不同，这决定了原子核可以束缚的电子的动量大小也不同。

例如，一个密度均匀的球体形状的原子核，其对任意方向的基本物质粒子的阻挡概率和数量都接近一致，对相同动量的电子来说，其轨迹是位于以原子核的质心为中心的球体上，并且通过球心的任意切面的圆周上，也就是该原子核可以在任意方向上同其他原子核形成共有电子环，该原子核单独存在时，则相同动量大小的电子运动轨迹可能会形成一个球面（不考虑碰撞），这样的原子核在与其他原子核聚合时，其电子环与原子核的相对位置可以是任意的。

如果一个原子核的形状是铁饼状的，那么它的电子环很可能被限制在饼状边缘的辐射线上。

因此，不同的原子核可能有不同的电子环位置，除了均匀密度的球体状原子核，其他形状的原子核也很可能会有多个电子环，这些电子环可能是平行的，也可能是交叉的。例如，碳原子核很可能拥有交叉的电子环，并且这些电子环的半径也不同。

其实，太阳系中的行星就是原子核外电子运行情况的真实写照，只不过行星的数量没有电子的数量多而已。从地球的运行轨迹和冥王星的运行轨迹来看，由具有和地球动量大小相近的星球所形成的行星环与由具有和冥王星动量大小相近的星球所形成的行星环必然是两个不同的环，它们之间没有交集。

3.2.6 共有电子环的数量与位置关系

一个原子核如果只有一个电子环，那么它与其他的原子核形成共有电子环时，它的位置会被固定，也就是它只能在一个方向上与其他原子核形成共有电子。如果一个原子核有两个以上电子环，则它会有两个以上的选择来与其他原子核形成共有电子，但是只有两个原子核电子环中的电子动量大小相似的时候才会形成共有电子环。

1. 平行结合方式

如果原子核只能依靠一种电子环与其他原子核结合，那么，此时原子核之间的结合形式被称为平行结合方式。当然，平行不是绝对的，大多数情况下依靠平行电子环结合的原子核的位置可能是七扭八歪地结合到一起的。这种结果的最主要原因：原子核不是我们想象的均匀的球体，而是有着各种奇形怪状的球体。

以单一平行的方式进行结合的共有电子环将采取就近的原则，也就是它会在其电子环的任何角度位置与任何靠近它的原子核形成共有的模式，所以这种结合模式下的原子核的位置很可能是杂乱无序的，其所占据的空间大小也很可能是不能固定的；同时，由于原子核只能同时与两个其他的原子核形成共有电子环的结构，因此，如果有更多的原子核出现在这些原子核周围，原子核之间的支撑不是全方位的，它很可能只能在两个方向与其他原子核有共有电子环并获得支撑，而在其他方向上则没有共有电子环，从而无法获得支撑。因此，这是一种不稳定的结合方式，原子核与原子核之间的位置很容易改变，如图 3-6 所示。

我们有理由相信，图 3-6 中的实线组成的闭合回路很可能就是一个电子环链中的电子的运行轨迹。我们也可以看出，由于距离不合适，右下角的原子核与这个电子环链中的原子核并没有形成共有电子环。石墨应当是这种结合方式的典型代表。

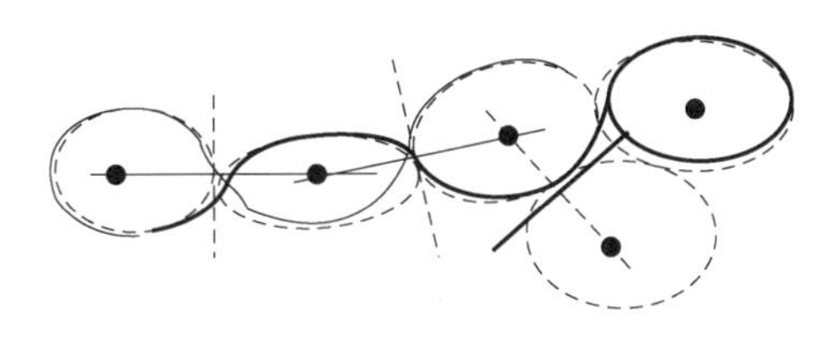

图 3-6

虽然平行结合方式的电子环组成的物质不稳固，但是它内部存在连续的电子环链，因此，它可能是导电的（具有连续的电子环链不一定就会导电，这是由形成电流的电子的动量大小范围决定的）。

2. 立体交叉结合方式

如果原子核可以与其他原子核之间形成 $2+N$（$N\geqslant 0$）个电子环，那么这些原子核就可能会与其他的原子核之间形成交叉立体的电子环结合方式。

例如：假设我们现在的太阳 A 形成的太阳系内有 100 万个同地球动量大小接近的星球，那么这些动量大小接近的星球的运行轨迹是可以在同一个平面内存在的，当然也可能会形成一个球面；再假设太阳系内还有 1000 万个同冥王星动量大小相近的星球，那么这些星球的轨迹可能会形成一个球面，也可能会形成一个巨大的环，就像土星环一样，我们暂且称之为“冥王星环”。假设现在有第二个太阳 B 从坐标系 y 轴的方向靠近我们的太阳系，在靠近的过程中，它首先会受到冥王星环的影响，并可能会与现在的太阳依靠这些冥王星环形成共有的关系。假如，现在又有第三个太阳 C 从坐标系 x 轴的方向靠近我们，并与现在的太阳依靠地球星环结合到一起，那么最初的太阳 A 现在获得了两个额外太阳的支撑。我们可以认为太阳 A 的位置应当是稳固的（相对来说）。假如现在又有太阳 D、E 等靠近，并分别与 B、C 太阳形成共有星球环，那么太阳 A 的位置会更加稳定，如图 3-7 所示。

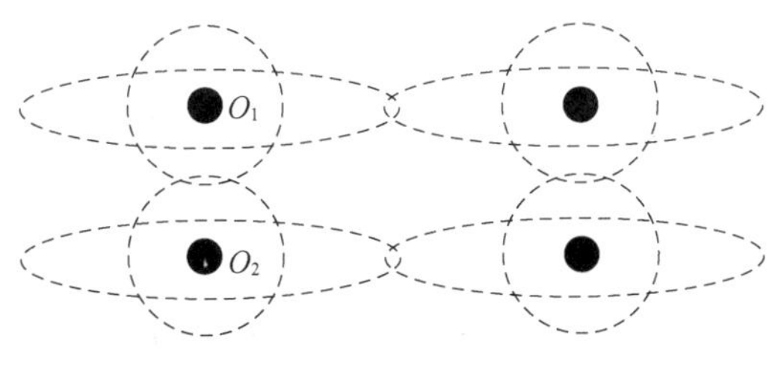

图 3-7

依靠立体交叉的电子环结合到一起的原子核之间的位置非常稳定，并且排列顺序很可能会非常有规律，例如金刚石应当就是依靠立体交叉电子环结合到一起的。

不同的原子核如果要通过共有电子的方式结合到一起，那么它们的电子环中的电子的动量大小范围必须存在交集，否则它们互相都不能束缚对方的电子，它们也就不能形成共有的电子环，并依据这些电子环结合到一起。

依靠立体交叉电子环组成的物质结构可能会非常稳定，但是因为电子环半径的差异，它内部可能不存在连续的共有电子环链，因此，这种结构体不一定导电。当然，即使存在连续的电子环链，由于形成电流的电子对电子环半径的要求也有限，这种连续的电子环链也不一定会导电。

3.2.7　电子环内电子的得与失

影响电子环内电子轨道稳定性的因素有三个：

（1）电子运动的无序性。电子被原子核的捕获是没有规律可循的，向任意方向运动的电子，如果动量大小恰好在原子核的束缚力范围内，并且电子与原子核之间的距离合适，则该电子都可能被原子核捕获。

（2）原子核的动量大小不为零。现在我们知道原子核也是粒子，因此，原子核的动量大小很可能不为零，这就导致围绕原子核运动的电子受到的束缚力时刻都在变化，因此，电子在变化的向心力作用下，其运动轨迹也在时刻变化。

（3）环境中其他粒子的撞击。任何环境中都会存在大量无序运动的粒子，这些无序运动的粒子以及原子核的电子之间时刻都有撞击的可能。

由以上三个因素可以看出，位于电子环内的电子时刻都会因为互相撞击，或者被环境中的其他粒子撞击，或者因为受到原子核的束缚力不足，而成为自由电子。而环境中无序运动的自由粒子，如果条件合适会被原子核捕获，从而再次成为电子，并围绕原子核运动。因此，任何原子核所能束缚的电子环中的电子数量时刻都在变化，永远都在进行着失去和补充。

3.2.8　共有电子环对世界的意义

请记住这个新名词——“共有电子环”。因为其接下来将成为出现频率最多的一个名词，无论是物理学，还是化学，或者是生物学，“共有电子环”出现的频率将远远高于任何一个其他的名词。

“共有电子环”的概念不但是地球上所有物质组成的基础概念，更是地球上所有生命体存在的基础概念，没有了“共有电子环”，地球上将无生命可言。地球上可能会存在没有共有电子环的物质，但一定不会存在没有“共有电子环”的生命体。

“共有电子环”概念同样适用于整个宇宙。宇宙中的物质不一定必须存在共有电子环，但是宇宙中的任何生命体，必须全部由存在共有电子环的物质构成。不同星球之上的生命体外在或内在可能会存在很大的差异，但是构成这些生命体的所有物质必须由存在共有电子环的元素构成。

3.3 水

3.3.1 氢原子与氧原子的特性

查询元素周期表可知，氢原子的原子量在人类目前已知的元素中最小，也就是氢原子的相对质量在人类已知元素中最小。前面我们在讨论原子核定义的时候，曾经分析得出原子核的质量越小，则其速度越快的结论，因此可以推断出：氢原子核的速度可能也是人类已知元素中速度最快的。

氧原子质量虽然比氢原子质量大得多，但是根据氧气的特性可以推断出氧原子核也必然在快速运动，只不过速度可能会比氢原子核慢而已。

3.3.2 水分子的构成分析

由元素周期表可知，氢原子核与氧原子核的原子量相差很大，但是两个原子核之间形成了共有电子环，这说明两个原子核所能束缚的电子环中电子的动量大小必然存在交集。根据分析，氢原子核与氧原子核所能束缚的电子环可能存在三种情况：

（1）氧原子核只能束缚一个电子环，氢原子核也只能束缚一个电子环。

（2）氧原子核可以束缚至少两个电子环，氢原子核只能束缚一个电子环。

（3）氧原子核可以束缚至少两个电子环，氢原子核可以束缚至少两个电子环。

由我们的经验可知，水中经常会溶解大量的气体，以及其他元素，所以氧原子核至少有两个电子环的可能性更高，如图 3-8 所示电子环 1 和电子环 2。这样可以保证氧原子核在与氢原子核形成共有电子环 2 的同时还能与其他元素利用电子环 1 形成共有电子环，比如水中可以溶解大量氧气以及氧气可以和很多金属元素发生氧化反应，在氧化反应过程中利用的就应当是电子环1形成的共有电子环。

不管是哪一种电子环情况，水分子中的原子核分布都应当如图3-8所示。

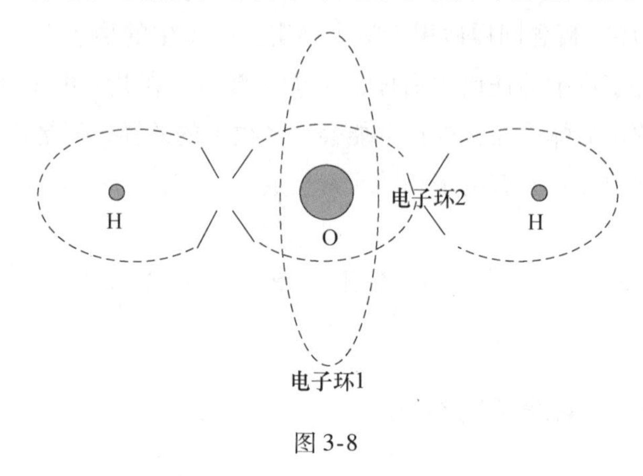

图3-8

由图3-8可以看出，当三个原子核处于一条直线，也就是两个氢原子核位于氧原子核的两侧时，氧原子核受到共有电子环的束缚力最均匀且对称，因此，此时的位置应当是三个原子核的最稳定状态。

同时由图3-8还可以看出，电子环1是空置的，因此电子环1随时处于与其他靠近的元素形成共有电子环的状态。

3.3.3 水的三种形态

无论是氧原子核，还是氢原子核，本身都不是绝对静止的，因此它们结合成分子后，在原子核快速运动的带动下，整个分子都会处于振荡之中。原子核的速度越快，则分子的振荡幅度越大（原子核的振荡幅度与原子核受到其他粒子的撞击也有关系）。前面已经分析了氢原子核的速度可能是已知元素中速度最快的元素，因此水分子在两个氢原子核的快速运动之下而处于高速振荡之中。

两个高速振荡的水分子在靠近的过程中，如果距离和位置都合适，则两个水分子之间会试图形成共有电子环。在惯性的作用下，形成共有电子环的两个水分子依然在高速振荡。如果两个水分子之间形成的共有电子环不能对两个高速振荡的分子提供足够的束缚力，则两个分子之间的共有电子环会瞬间断开。相邻水分子之间共有电子环的状态对应了水的三种形态：

（1）固态（结冰状态）。水分子的振荡幅度会随着温度的降低而下降（温度下降的时候，电子环内电子的密度会降低，同时空间内自由粒子的密度也会降低，因此，原子核受到自由粒子撞击的概率也会降低，这可能是水分子振荡幅度降低的主要原因），当水分子的振荡幅度下降到一个临界值的时候，水分子的振荡已经不足以使两个水分子之间形成的共有电子环断开了（水分子之间可能会从四个方向形成共有电子环，氧原子核之间通过图 3-8 中的电子环 1 形成共有电子环，同时氢原子核通过图 3-8 中的电子环 2 与其他氢原子核之间形成共有电子环）。在共有电子环提供的束缚力的作用下，相邻的水分子会获得相互支撑，此时的水分子依然还在振荡，但是这种振荡已经被限定在一定的幅度之内。

（2）液态。此时相邻的水分子之间依然会形成共有电子环，但是形成的共有电子环对高速振荡的水分子提供的束缚力不足，因此，两个水分子之间的共有电子环在拉扯力之下会瞬间断开，但是在下一次接近的时候会再次试图形成共有电子环。所以，液体水中的水分子之间的共有电子环一直处于断开、再形成、再断开之中。

（3）气态（水蒸气状态）。此时的水分子之间的状态同液体一样处于断开、再形成、再断开之中。与液态水唯一的区别就在于水分子的振荡幅度不同。

3.3.4 水结冰后体积的变化

水在液态的时候由于相邻的水分子之间并没有固定的共有电子环，并且一直在高速振荡，因此其在空间的占位也会不断变化，这就导致相邻的水分子之间会出现暂时的空间占位重叠。而结冰后相邻的水分子之间都会形成共有电子环，这些共有电子环会束缚水分子的振荡范围，因此，它们的振荡已经不能再形成空间占位的重叠，也就是说重叠的水分子在形成共有电子环后都会伸展开，所以水结冰后占据的空间体积会增加。

3.3.5 生命之水

由前面的分析可知，氧原子是地球上数量很多的元素且至少有两个电子环，这保证了氧原子核利用其中一个与氢原子核形成共有电子环的同时，还能利用另外一个电子环与其他元素形成共有电子环。当水分子高速振荡的时候，水分子不但可以利用氢原子核与其他元素形成共有电子环，还可以利用氧原子核的另外一个电子环与任何靠近的其他元素试图形成共有电子环。而一旦水分子利用氢原子核或氧原子核与其他元素之间形成了共有电子环，哪怕只是在水分子的高速振荡下一瞬间就再次断开，水分子都会获得支撑，利用获得的支撑，水分子就可以实现空间的位移。如果这些支撑来自水分子上方或周围的元素，那么这些元素就会成为水分子的跳板。借助跳板，水分子会向远离地心的方向运动，比如水会沿着墙壁向上渗透，或者沿着植物内部的空腔向上运动。

如果水分子利用氧原子核与其他元素形成了共有电子环，比如与植物需要的多种微量元素之间形成了共有电子环，那么在水分子高速振荡并且位移的过程中，这些微量元素也会随之一起运动，因此，对其他元素来说，水分子的振荡运动也许可以被看作一辆可以乘坐并在运动的马车。在马车的运动下，微量元素可以被运送到植物体内的各处。

可见水不但是生命体中的重要组成部分，而且承担着生命体内物质运输的任务，这些物质可能是生命体需要的，也可能是生命体中分离出的不需要的，不管是哪一种，离开了水，运输任务是不可能完成。

3.3.6 植物落叶的原因

很多落叶植物都有一个共同特征，就是落叶的时间大多与季节保持同步，除了因为果实成熟而自然死亡之外，正常生长的植物的落叶时间大多在温度下降的季节，也就是说当温度降低到一定程度时，很多植物的叶子都会脱落。

那么为什么温度降低的时候，植物的叶子就会脱落呢？

现在已经知道，温度降低的时候，水分子的振荡幅度就会降低，同时水分子内共有电子环内的电子密度也会降低。电子环内电子的密度降低的时候，其与其他分子形成共有电子环时，共有电子环内的电子密度同样会降低。而水分子是借助与其他分子之间形成的共有电子环获得支撑力以及拉扯力的，如果水分子与其他分子之间形成的共有电子环内电子密度过低，那么这种共有电子环就会不稳固，就会很容易断裂，这不但包括水分子与植物体内物质之间的共有电子环，同时也包括水分子与植物所需的微量元素之间的共有电子环。也就是说，温度降低的时候，水分子在植物体内依靠共有电子环位移的能力会下降；同时，水分子借助与微量元素之间的共有电子环运送微量元素的能力也会下降。

植物的枝叶不但需要足够的水分来参与光合作用与应对水分的自然蒸发，同时还需要足够的微量元素来维持枝叶的生长，然而温度降低的时候，水分与微量元素都不能得到保证，因此，一旦温度降低到一个临界点，枝叶就会因为得不到足够的水分以及微量元素的供应而枯萎以至于死亡。这就是落叶的根本原因。

4 光

4.1 光的衍射实验分析

4.1.1 实验背景

干涉实验在光的波粒之争中起着承上启下的作用，是波粒之争的重要转折点，正是这个实验让物理学家们认定了光既具有粒子的特性，同时也具有波动性。

但波的理论直到现在依然存在很多争议，其中介质的问题一直都没办法圆满解决，正是因为如此，我们重新设计了多组衍射实验来验证光的波动性是否存在。我们使用衍射实验而不是干涉实验来验证，这是因为我们将用多组衍射实验来试图找出单缝衍射条纹的成因，如果我们成功地找到了单缝衍射条纹的成因，我们也就找到了用两条单缝进行干涉实验的成因。

4.1.2 衍射现象

衍射是指波遇到障碍物时偏离原来直线传播的物理现象。

假设将一个障碍物置放在光源和观察屏之间，则会有光亮区域与阴暗区域出现于观察屏，而且这些区域的边界并不锐利，是一种明暗相间的复杂图样，这种现象称为衍射。

4.1.3 衍射实验

1. 衍射实验1（单缝的两条边平行）

我们的实验仪器如图4-1（a）所示，后面每组实验都使用该仪器。仪器中的前端圆柱可以左右上下调节，用来固定做实验的单缝板或双缝板（这样可以保证所有实验中光源位置始终不变，并且光子射出单缝或双缝时距离光源的距离保持不变）。

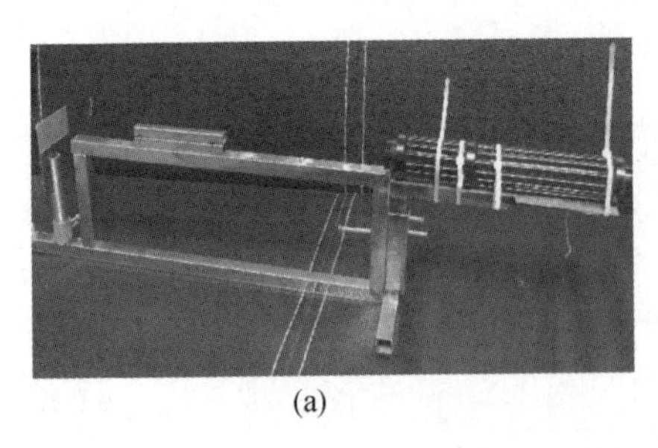
(a)

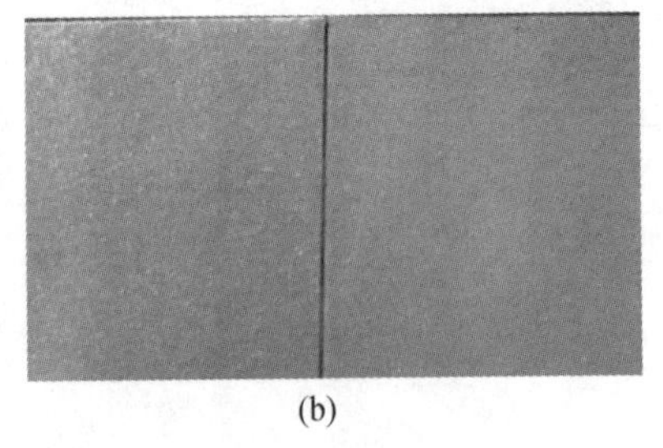
(b)

图 4-1

使用厚度为 0.13mm 的铝合金板作为单缝板并固定在实验仪器的前端圆柱上［图 4-1（b）］，缝隙宽度为 0.1mm。使用蓝色激光笔照射观察图像结果，如图 4-2 所示。

图 4-2

由实验结果可以看到正常的衍射图像。

2. 衍射实验 2（改变单缝两条边的厚度）

（1）使用高精度卡尺制作实验单缝，卡尺前端部分厚度相对薄，后端部分厚度相对厚，如图 4-3 所示。

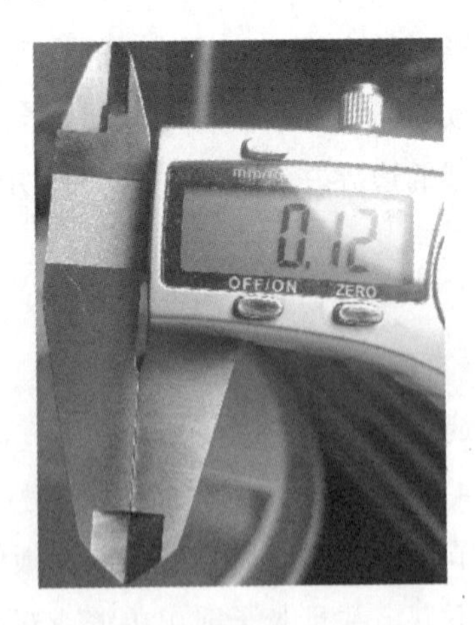

图 4-3

注：实验中用到的卡尺以及缝隙宽度，单位：mm。

照射卡尺前端较薄部分，看到的衍射图像如图 4-4 所示。

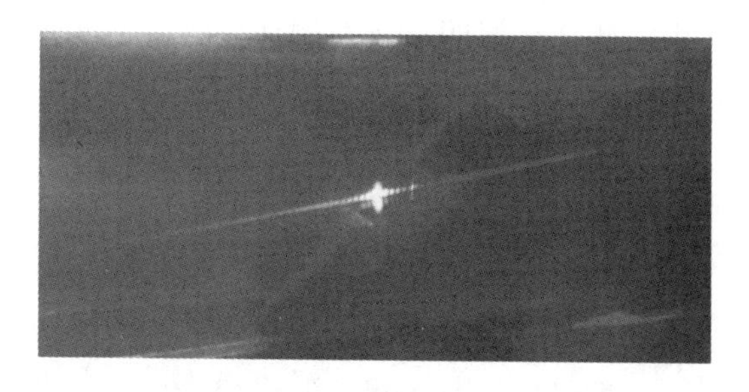

图 4-4

照射卡尺后端较厚部分，看到的衍射图像如图 4-5 所示。

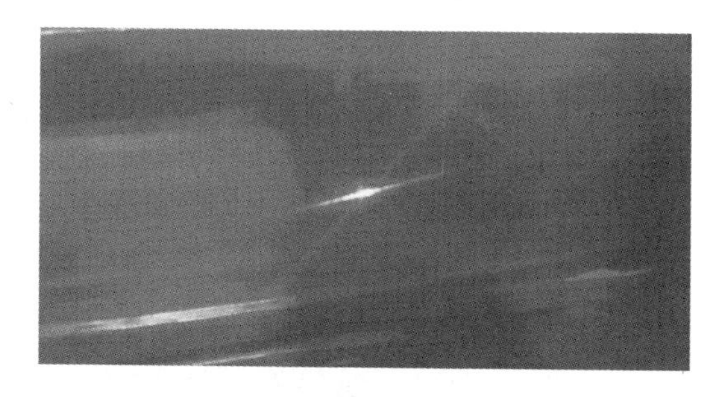

图 4-5

通过分别照射卡尺前端图像可以看出，在不改变光源和单缝板背对光源面之间的距离的前提下，单纯增加单缝板厚度时，形成的衍射图像会变窄。

（2）使用厚度为 20mm 的三角形铝合金的一边作为单缝的一边，另一边使用厚度为 1mm 的不锈钢板，拼接成一个缝隙宽度为 0. 1mm 的单缝，并使用蓝色激光笔照射该单缝，图 4-6 为拼接单缝。图 4-6 中，左侧为厚度 1mm 的不锈钢板，右侧为三角形铝合金。

图 4-6

观察照射结果可以看出，如果形成单缝的两条边厚度不同，则会形成不对称的衍射图像，图 4-7 中右侧部分要明显比左侧部分暗，长度要短。图 4-7 中，左侧对应厚度为 1mm 的不锈钢板一侧。

图 4-7

3. 衍射实验 3（单缝的两条边不平行或交叉相接）

（1）使用厚度为 0. 13mm 的铝合金板制作一个两条边不平行的单缝，如图 4-8 所示。图 4-8 中，缝隙上部比下部要窄一些。

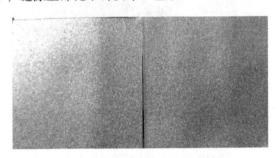

图 4-8

激光笔照射后，看到的衍射图像如图 4-9 所示。该图像为两条不平行的衍射图像，再仔细观察，还可以看出两条单独的衍射图像的左右不对称。图 4-9 中，上侧图像左侧明显要比右侧短；而下侧图像则恰好相反，左侧比右侧长。

图 4-9

（2）使用厚度为0.13mm的铝合金板制作一个有一定夹角的单缝，并用激光笔照射（2组实验，每组实验中两条边相交的夹角不同），如图4-10～图4-13所示。

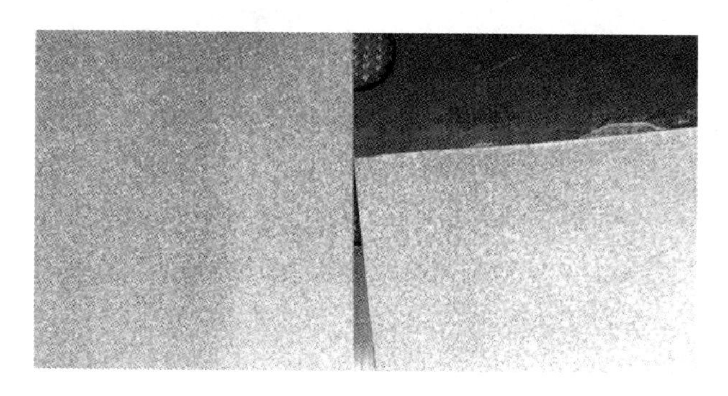

图4-10

图4-11

图4-12

图 4-13

随着单缝角度的增大，形成的衍射图像会越来越细密（因为透光太多，形成光晕，所以图像无法拍摄清晰）。

由实验过程以及照射的结果可以看出，当单缝的一条边垂直，我们调整另外一条边的角度的时候，形成的图像中有一条光线位置始终保持不变，而另外一条光线的角度随着单缝边角度的变化在变化；对比单缝板图像和与之对应的激光笔照射形成的图像可以发现，不动的光线对应的是垂直单缝边，并且与垂直单缝边不在同一侧。角度在变化的光线与角度变化的单缝边也不在同一侧。也就是说，调整单缝边角度的时候，对侧的图像在发生变化，而不是本侧。

4. 衍射实验 4（组成单缝的两条边使用不同的材质）

（1）使用厚度为 1mm 的不锈钢板与 1mm 厚的铜板制作一个 0.1mm 的单缝（图 4-14），并用激光笔照射。

图 4-14

由照射结果可知，当组成单缝的两条边材质不同时，衍射图像出现了明显的不对称。使用卡尺分别测量图像的左右两侧后，发现图像左侧 4 个小方块的总长度要大于右侧对应的 4 个小方块的长度（图 4-15）。

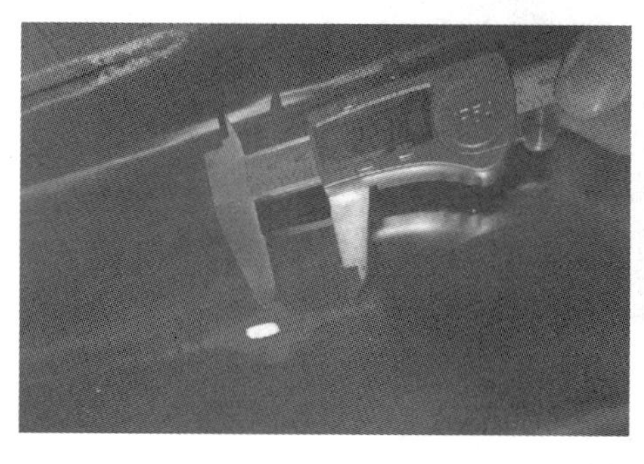

图 4-15

（2）使用 1mm 厚的不锈钢板、铅板制作 0. 1mm 单缝（图 4-16），然后在不改变其他所有条件的情况下用激光笔照射并测量成像的长度。

图 4-16

使用卡尺测量后，发现图像右侧 3 个小方块的总长度要大于左侧 3 个小方块的长度（图 4-17）。

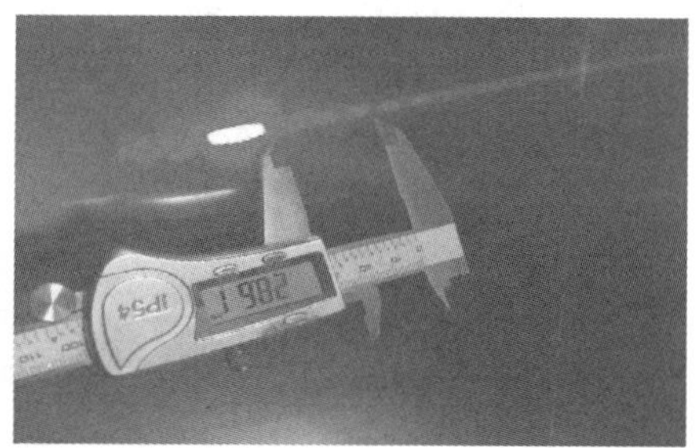

图 4-17

5. 衍射实验 5（单边衍射）

（1）铝合金片的单边衍射 1（遮挡片距离单边 0. 95mm）（图 4-18、图 4-19）。

正面

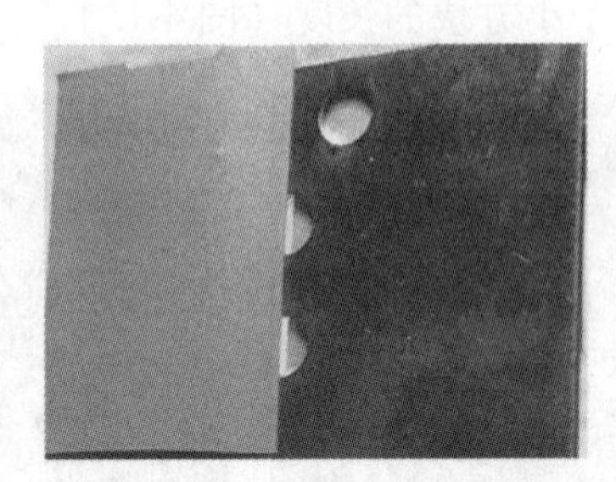

背面

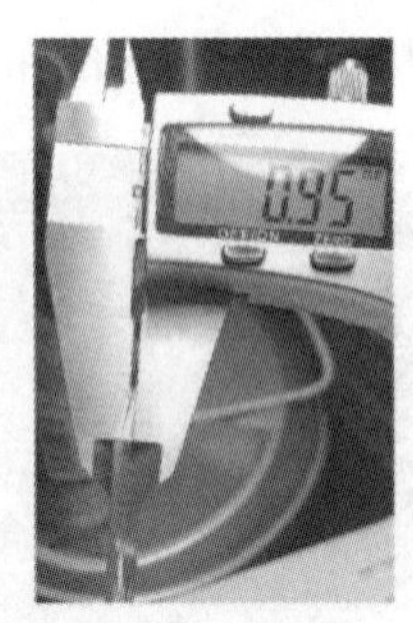

两面间隔0.95mm

图 4-18

图 4-19

（2）铝合金片的单边衍射 2（遮挡片距离单边 5. 54mm）（图 4-20、图 4-21）。

正面

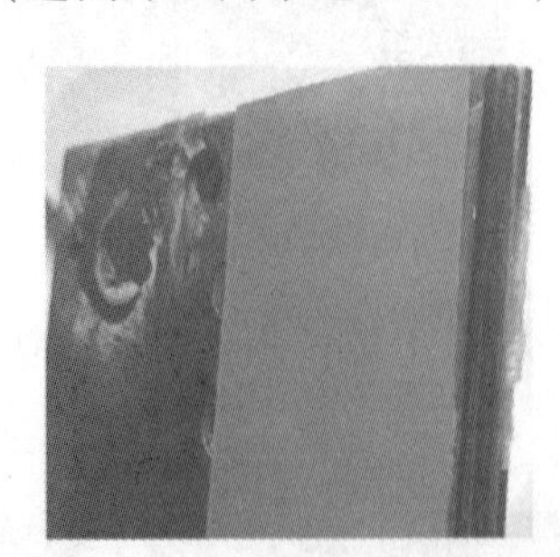

背面

两面间隔5.54mm

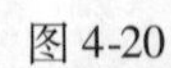

图 4-20

图 4-21

（3）铝合金片的单边衍射 3（遮挡片距离单边 10. 22mm）（图 4-22、图 4-23）。

正面

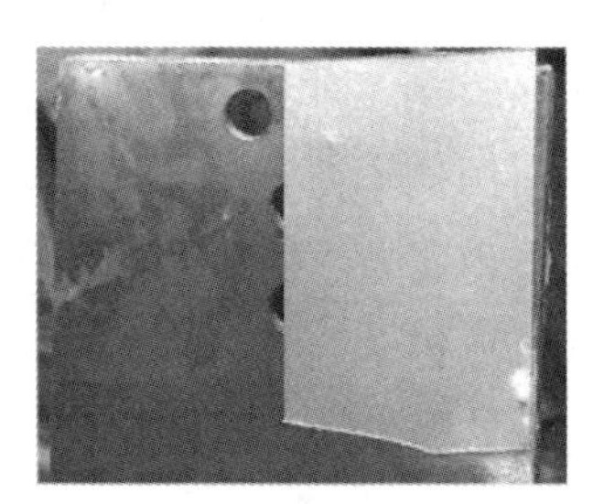

背面

两面间隔10.22mm

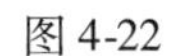

图 4-22

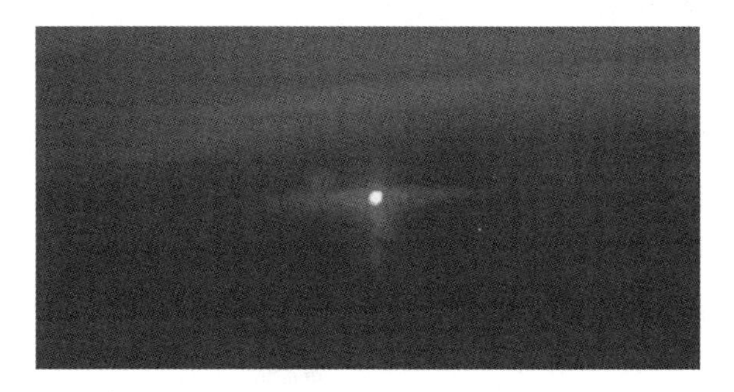

图 4-23

（4）铝合金片的单边衍射 4（图 4-24、图 4-25）。

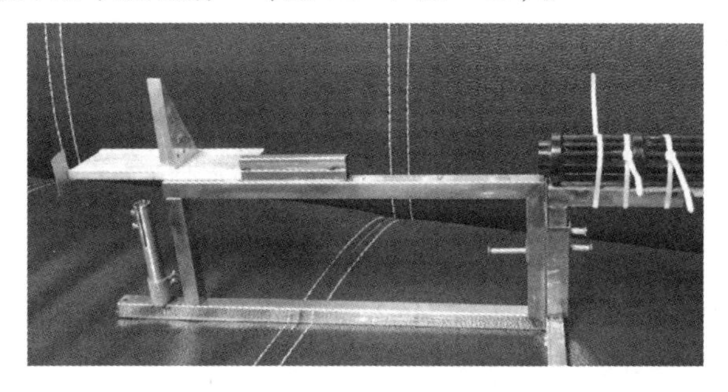

图 4-24

图 4-25

图 4-25 中，左侧为单边的阴影区，右侧为光照区。

本组单边衍射实验中的前 3 个实验中，两个单边的距离分别为 0. 95mm、5. 54mm、10. 22mm，我们观察到了非常清晰的单边衍射图像，同时发现铝合金的单边衍射形成的图像左右两侧不对称，单边同侧（阴影区）内明亮块的数量要少于单边对侧（光照区）内明亮块的数量，并且总长度也要短得多。第 4 个实验中，当我们前后移动三角形铝合金片的时候（移动范围在 0 ~ 130mm 之间），在任意位置辅以角度的轻微调整都可以观测到不对称的单边衍射条纹或菲涅耳直边衍射条纹。

4. 1. 4　实验现象分析

1. 衍射实验 2（4. 1. 3 中的衍射实验 2）

衍射实验 2 中所有其他条件都不变，只是改变单缝板厚度的时候，形成的衍射图像出现了明显变化。经过画图分析可知，光源的直径超过单缝的宽度，而当单缝板厚度增加时，光源入射到单缝最外端的角度范围收窄了，而此时形成的衍射图像总体宽度也跟着收窄，如图 4-26 所示。

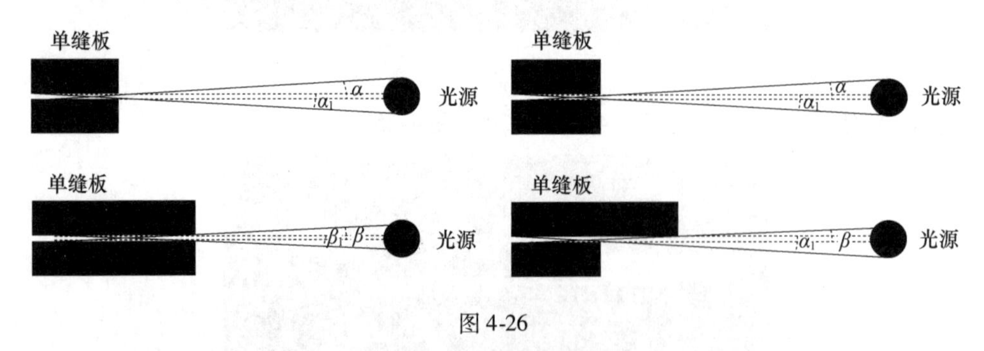

图 4-26

由以上分析得出结论：衍射条纹的总长度与光源照射到单边前端的角度大小有关。

2. 衍射实验 3（4. 1. 3 中的衍射实验 3）

在衍射实验 3 中，当单缝的两条边中的一条边角度发生变化时，衍射图像由一条完整的条纹图像逐渐分离为两条有夹角的图像，并且图像之间的夹角与单缝两条边之间的夹角角度相同，也就是说当两条单边之间的角度变大的时候，形成的两条衍射图像之间的夹角也随之变大；而当角度逐渐变小并再度恢复为平行的时候，两条有夹角的衍射图像之间的夹角也慢慢变小，并最终慢慢重叠成为完整的衍射图像。

在实验过程中，可以观察到随着单边一起转动的图像左右并不对称，相对于光源和转动单边的位置来说，被转动单边所遮挡区域内的图像要比没有被单边所遮挡区域内的图像短得多，如图 4-9 的图像所示。同时，没有随着单边转动而转动的，也就是始终保持位置和角度不变的图像，其左右也是不对称的。

对转动的那条单边来说，如果用阴影区和光照区来代替单边本侧和对侧两部分，那么可以发现阴影区内的图像要比光照区内的图像短得多。另外，我们还发现，光照区的图像是由完整单缝衍射中的图像的一半拉伸变形而成的。在单边转动的角度由小变大的过程中，拉伸变形程度越来越明显；在单边转动的角度越来越小，直至最终与另外一条边平行的过程中，拉伸变形程度越来越小，并最终与完整单缝衍射条纹的一半完全重合。

对实验中始终保持不动的另一条单边，其对应的图像也随着转动单边角度的变化而变化，其对应的光照区内的图像也在拉伸变形，并且拉伸变形的程度与转动单边对应的图像的拉伸变形程度保持同步。

由以上分析得出结论：在完整的单缝衍射条纹中，两条单边衍射条纹中的光照区域进行了拼接；同时，阴影区域也进行了拼接。然后光照区拼接后的图像与阴影区拼接后的图像重叠。如图 4-27 所示。

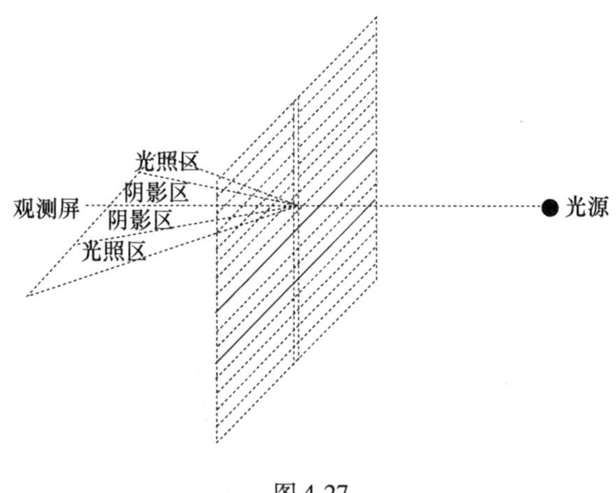

图 4-27

3. 衍射实验 4（4.1.3 中的衍射实验 4）

在衍射实验 4 中，我们用不同材料组成单缝的两条边，然后观测衍射图像。经过对图像进行对比发现，不同材料形成的衍射条纹是不同的。也就是说，当所有条件都相同而只有组成单缝板的材料不同时，会形成不同的衍射图像。

由以上分析得出结论：当所有条件都相同的时候，衍射条纹中条纹之间的距离与材料的构成有关，也就是说衍射条纹中条纹之间的距离与材料中原子的排列或原子的构造有关。

4. 实验 5（4.1.3 中的衍射实验 5）

在衍射实验 5 中，经过角度调整后可以看到菲涅耳直边衍射条纹，如图 4-28 所示。

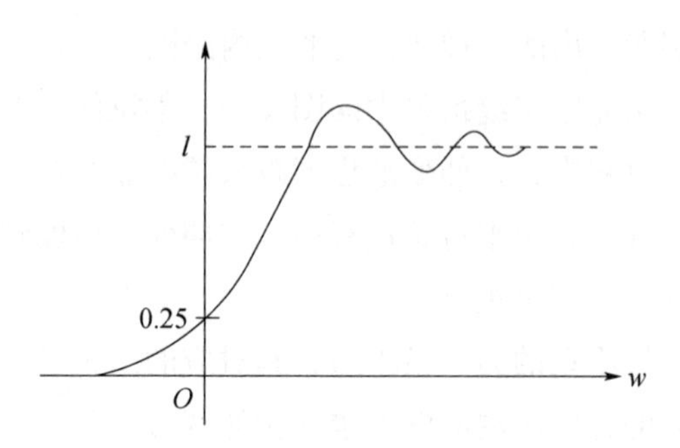

图 4-28　菲涅耳直边衍射条纹的强度分布（$w<0$ 是阴影区）

当我们使用遮挡物挡住光源的一部分入射光，并且保持遮挡板位置不变的时候，经过轻微的角度调整，我们不但可以看到菲涅耳直边衍射条纹，还观测到了不对称的衍射条纹，这些不对称的衍射条纹与我们在衍射实验 3 中观测到的单边衍射条纹结构相同，并且遮挡物的位置没有限制，可以在单边与光源之间的任意位置移动，经过分析与计算可以找到一条遮挡物的位置轨迹。当遮挡物在这条轨迹上移动的时候，始终可以观测到菲涅耳直边衍射条纹和左右不对称的衍射条纹，轨迹线如图 4-29 所示。

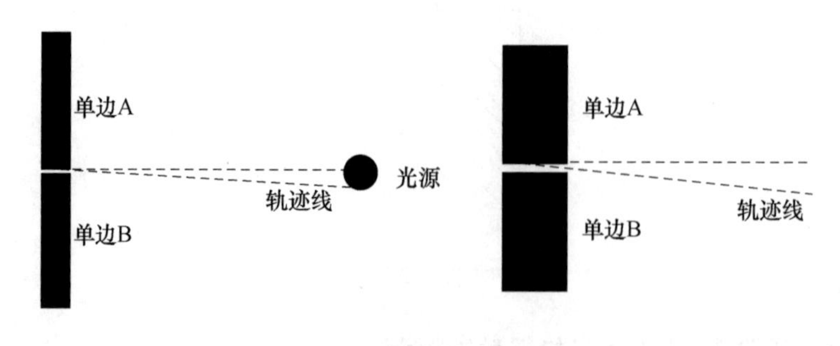

图 4-29

实验中我们照射的是一条单边，其实是把一个完整的单缝衍射实验进行了分解，如图 4-30 所示。

如果我们不断地调整并缩小两条单边之间的距离以及遮挡板的宽度，那么我们始终可以看到两条单边形成的衍射条纹，并且随着两条单边之间的距离越来越近，两条单边单独形成的不对称衍射条纹会慢慢重叠。重叠之后的图像与单缝形成的条纹无论从长度和结构上都越来越接近，最后遮挡板无限小的时候，我们就看到了完整的单缝衍射图像。

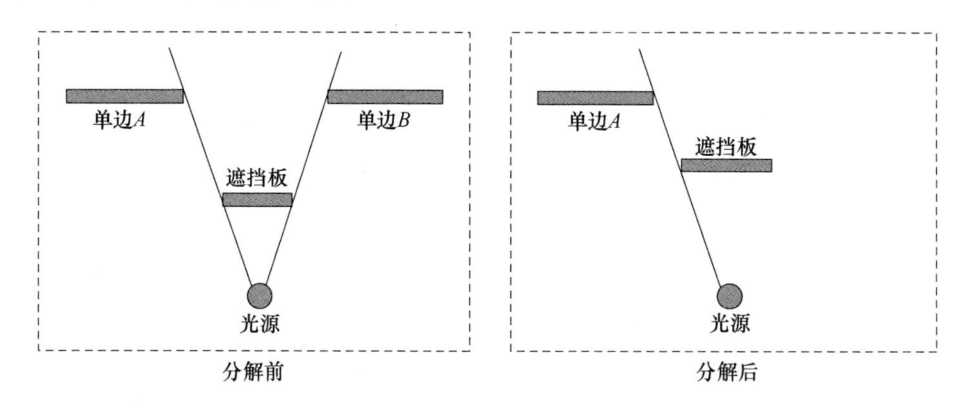

图 4-30

由以上分析得出结论：单缝衍射条纹是由两条单边衍射条纹重叠而形成的，也就是我们再次验证了衍射实验 3 中的结论；同时，也验证了衍射条纹的形成与单边前端的光源入射角度有关。

4.1.5 衍射实验结果成因分析

1. 用光的波动性来分析实验结果

（1）衍射实验 2（4.1.3 中的衍射实验 2）

我们在衍射实验 2 中观测到单缝板厚度这个量，或者说是光源入射角度，在单缝衍射条纹的形成中起着重要作用，然而在所有的衍射理论和衍射公式中都没有出现这个量，同样也没有出现光源入射角度这个量。

著名的菲涅耳数中只有 3 个量：单缝宽度（或圆孔半径）、单缝最外围距离观测屏的距离、入射波长。

（2）衍射实验 3（4.1.3 中的衍射实验 3）

在衍射实验 3 中，我们经过对比和分析，发现单缝衍射条纹其实是两个单边衍射条纹叠加形成的。如同单缝板厚度这个量被衍射理论和衍射公式忽略一样，单缝衍射条纹由两个单边衍射条纹叠加而成没有在任何的衍射理论和衍射公式中出现。

（3）衍射实验 4（4.1.3 中的衍射实验 4）

通过衍射实验 4，我们发现在条件完全相同的情况下，使用不同材料制作出的单缝，形成的衍射条纹也不相同。然而在所有的衍射公式中，我们同样没有看到材料属性这个量。

（4）衍射实验5（4.1.3中的衍射实验5）

通过衍射实验5，我们再次验证了衍射实验3中得出的结论，也就是说单缝衍射条纹其实是两条单边衍射条纹的叠加。

实验过程中当遮挡板在任意位置的时候，通过轻微调整角度都可以看到不对称的衍射条纹。这种现象用任何衍射理论都无法解释。

2. 用光的粒子性来分析实验结果

根据原子模型理论，任何物质都是由电子和原子核构成的，而电子和原子核之间存在巨大的空间，因此，光子可以进入单边内部也是合情合理的。至于有的物质可以透光，有的物质不透光，根本原因只是光子进入物质内部后被吸收多少的问题，以及根据物质对光子的吸收情况而决定的光子可以进入物质内部的深度问题。即使光子可以被物质完全吸收，那么也必然存在一个吸收过程，也就是光子可以进入物质内部的深度。衍射实验4则是光子可以进入单边内部，然后再次射出并形成衍射条纹的最好验证。

光子作为粒子，进入单边表面内部后，必然会受到附近原子核的束缚力，这种束缚力会根据其距离原子核的远近而有所不同。光子在受到原子核的束缚力后，其飞行轨迹必然会发生改变，改变的结果由其受到原子核束缚力的大小所决定，如图4-31的光子入射和光子再次射出的路径所示。

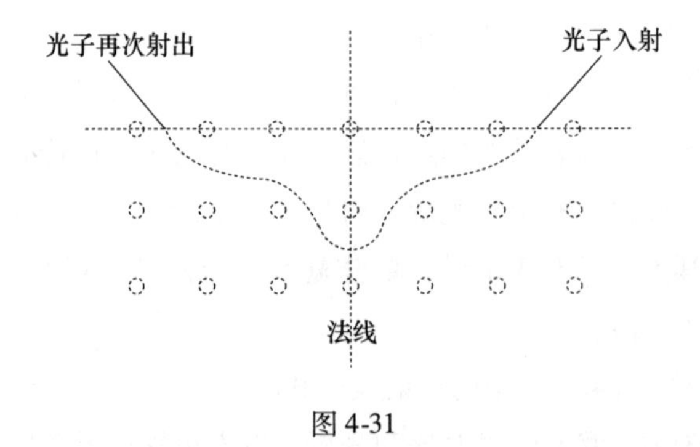

图4-31

由图4-31示内容可以看出，以不同角度进入直角边物体内部的光子，按照正常的入射路径越过法线后，如果接下来依据原子核的束缚力可以形成一个与入射路径对称的路径再次射出物体，那么会形成所谓的反射（实际上任何反射过程中都会有入射路径和出射路径不对称的情况存在，只不过这些光子的数量占少数）。

在我们的实验中，组成单缝的两条边并没有直接延伸到观测屏，而是在光源与观测屏之间的某处断开了；同时，我们做实验用的光源并不是严格意义上的点光源，而是作为一个面在向外散射光子，因此，从光源射出的光子，有一部分是平行于单边表面的，而另一部分则是以各种角度撞击到单边的表面，如图 4-32 所示。

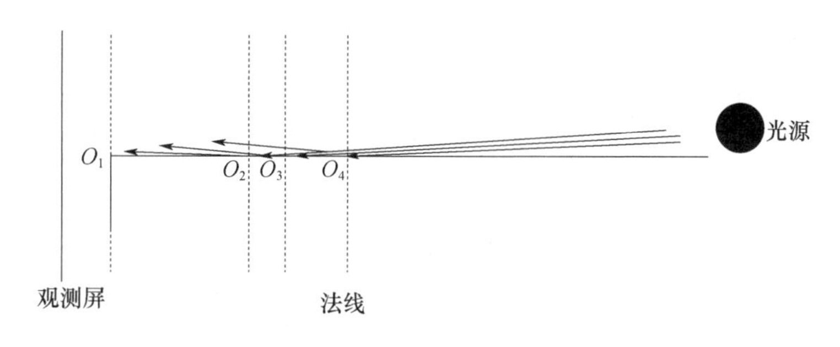

图 4-32

根据图 4-31 可以看出，如果撞击并进入到单边表面内部的光子，再次从单边表面射出的时候可以形成一条完整的反射路径，那么这些光子中绝大多数光子最终会形成反射。如果光子进入单边表面内部后再次射出时遇到了断层（每个单边有 4 个面，其中两个面相交线两侧就是断层区域），那么这些遇到断层的光子则不能形成完整的反射路径，而是在断层处根据其距离原子核的位置不同，而形成不同的路径改变（注：我们设定向单边阴影区内飞行，并且飞行方向远离单边表面的光子飞行方向为折射光子方向；同时，我们设定从单边阴影区内射出，并且向着单边光照区内飞行的光子飞行方向为反射光子方向），如图 4-33 所示。

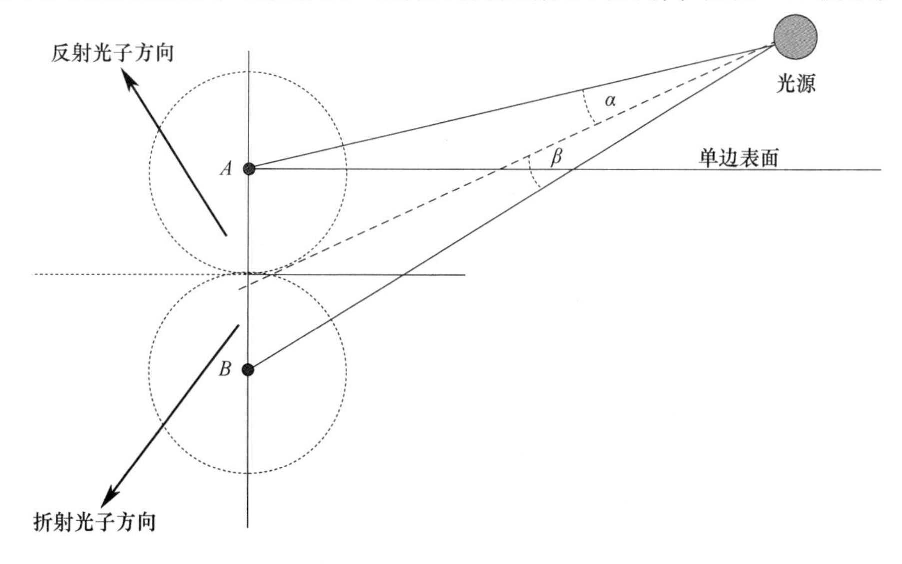

图 4-33

由图 4-33 可以非常直观地看出角度 α 一定大于角度 β，也就是说进入反射方向的光子数量要多于进入折射方向光子的数量；同时，由入射光子的角度范围可以间接推断出反射光子的角度范围大于折射光子的角度范围。

从光源散射出的光子进入单边表面内部以后，经过原子核的阻挡，从一个散射面分割成无数散射光线（光束），被分割成束的光线以各种不同的角度到达断层处的原子核附近，经过断层处原子核的束缚后再次改变飞行路径从断面处射出，最终到达观测屏。因此，我们在观测屏上看到的是由单边内部原子核分割后的光束形成的光照影像。

由于形成反射和折射的原子核在单边同侧阴影区内，因此，无论入射光线的角度范围如何，都必然有部分反射光线也位于阴影区内（图 4-34 中向上的光线为反射光线，可见部分反射光子是可能进入观测屏阴影区内的），这样就会有部分折射光线和位于阴影区内的反射光线进行重叠。假如位于阴影区内的反射光线和折射光线不能完全重叠，那么必然会出现交错重叠的结果，因此，观测屏上阴影区内的一些条纹会出现变宽、变亮的现象，也就是说单边衍射结果会出现：位于阴影区与光照区内的图像不对称的现象（我们在衍射实验 3 和衍射实验 5 中都观测到了左右或者阴影区与光照区内的图像不对称的结果，这说明我们用光子的粒子性来解释衍射实验的正确性）。形成原理如图 4-34 所示。

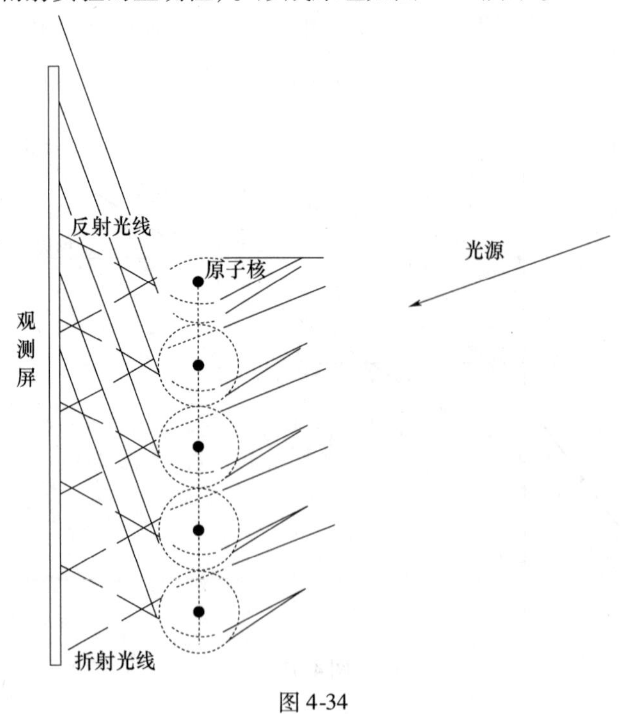

图 4-34

当光源的入射角度范围有限时，由于原子核的隔离，那些入射单边表面并再次从断层射出的光束会在阴影区和光照区形成断断续续的衍射条纹，随着入射光子的角度范围的增大，在断层处反射和折射出的光子的角度范围也在增大，这意味着因为折射和反射在观测屏上形成的衍射条纹之间的距离收窄。如果入射光子的角度持续增大，则反射和折射形成的条纹之间的距离会消失，此时我们会观测到连续的光带。

对不同颜色的光子来说，其动量大小不同，因此，当不同颜色的光子照射到同一种材料的单边时，因为原子核对不同动量大小的光子的束缚力不同，对光子路径的改变量也不相同，所以其入射单边内部并再次反射和折射而出后，形成的条纹的宽度与条纹之间的间隙也应当不同（干涉实验中如果使用白光进行实验，那么就会观测到色散现象）。

每个单边都可以形成反射和折射，当两个单边组合成一个单缝时，两条单边的折射区和反射区会分别和对侧单边的反射区和折射区重叠，因此，对完整的单缝来说，其折射和反射区域结果如图 4-35 所示。

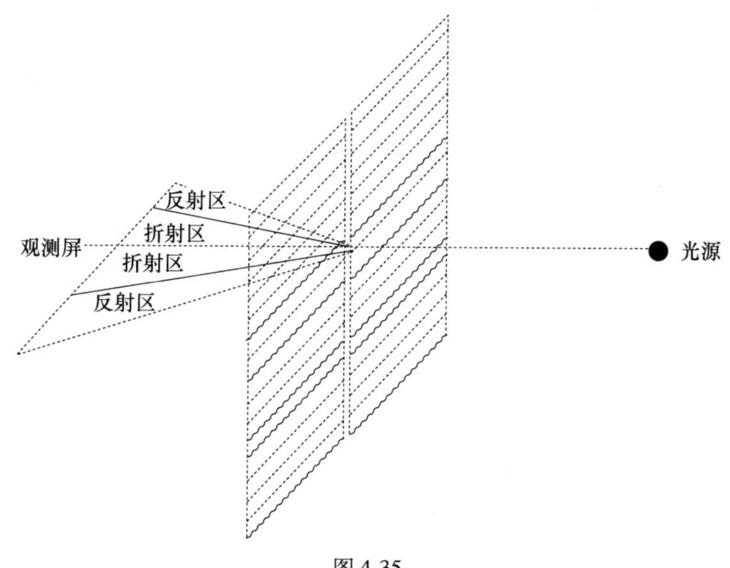

图 4-35

（1）衍射实验 2（4. 1. 3 中的衍射实验 2）

实验中，当单缝板的厚度增加时，光子的入射角度范围收窄，因此，反射和折射的角度范围也会收窄，所以实验中单边厚度变化时，形成的相对应的衍射条纹范围也会收窄。

（2）衍射实验 3（4. 1. 3 中的衍射实验 3）

实验中我们观测到了光照区内和阴影区内条纹的数量不对称，并且对应的条纹宽度也不相同。

单缝中的两条边各自挡住了对方的反射区，但是单边的边缘反射的光子不受对方单边的阻挡，因此，在我们转动一条单边的时候，可以看到位于对方阴影区内的图像在随着单边的转动而转动。

（3）衍射实验 4（4.1.3 中的衍射实验 4）

用来制作单缝板的材料不同时，材料内部原子核之间的距离以及原子核的位置排列都会出现不同；同时，不同的原子核所能束缚的光子的范围也不同，这些都会导致进入单边内部后再次射出的光子的飞行路径出现变数，因此，当我们使用不同的材料制作单缝的时候，可能会观测到不同的衍射条纹。

（4）衍射实验 5（4.1.3 中的衍射实验 5）

该实验则完美地验证了我们用光子是粒子来解释衍射条纹的猜想。当遮挡板前后移动的时候，只要保证单边上入射光子的角度范围不变，我们就会观测到相同或相似的衍射条纹。

实验中没有遮挡板的时候，光子的入射角度范围比较大，因此，我们观测到阴影区内连续的光带，以及光照区内极其细密的条纹。

当使用遮挡板以后，光子的入射角度范围收窄了，所以我们观测到阴影区和光照区内不对称的衍射条纹。

遮挡板可以反射一部分光子到单边上，这会增加单边表面单位角度内入射进入单边内的光子数量，这也是使用遮挡板后阴影区内出现单边衍射条纹的主要成因之一，如图 4-36 所示。

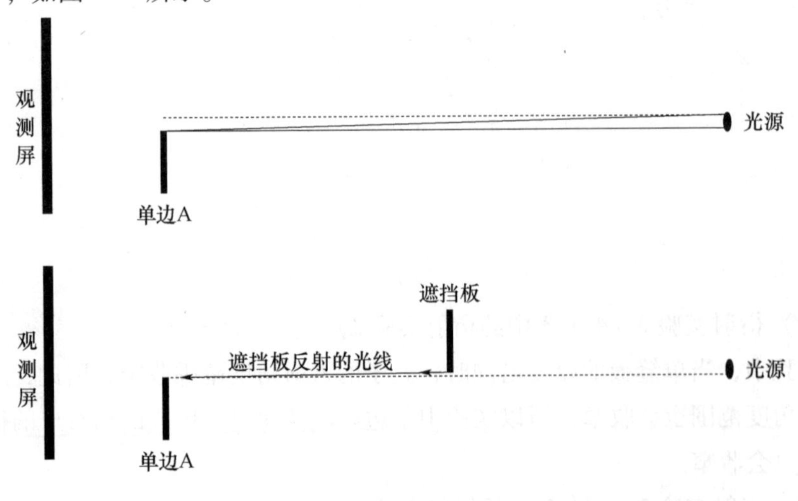

图 4-36

4.1.6 实验结论

根据实验可知，用光的波动性来解释我们的实验现象的时候遇到了重重困难，单缝板厚度与材料属性这两个量在所有的衍射理论以及衍射公式中甚至根本没有出现过，就更不要说解释了；而当我们使用光的粒子性理论来解释各种实验现象的时候，毫无任何压力，甚至可以用完美来形容。其中，尤其突出的是我们对单边衍射图像左右不对称现象的解释，首先，这个左右不对称的现象可以说是衍射实验波动性理论的终结者，因为用波动性理论来解释衍射现象中的图像只能且必须是左右对称的，这一点通过惠更斯-菲涅耳原理中出现的三个量就可以看出；其次，虽然波动性不能解释该现象，但是我们可以用粒子性来完美解释该现象。

因此，通过实验我们推论出：光子没有波动性，就是单纯的粒子。这个结论也符合我们对宇宙的定义：宇宙就是粒子的世界，粒子性是宇宙的基本属性，也是唯一属性。宇宙中所有的物质，要么是粒子，要么是粒子的聚合体，也就是更大的粒子。光子作为宇宙中存在的物质之一，它必然是粒子或粒子的聚合体。

1. 衍射条纹的成因

所谓单缝衍射，本质就是两条单边衍射条纹的叠加，而单边衍射条纹是由光子的反射区（光照区）和折射区（阴影区）拼接组成的。完整单缝衍射条纹是由两条单边衍射条纹中的反射区（光照区）拼接而成的，单边衍射中的折射区（阴影区）分别与对边的反射区（光照区）重叠。

2. 衍射条纹形成的条件

光源的入射角度范围（单边远离光源一侧的边缘处为光子入射角的起点）必须控制在某一个特定范围之内，此时可以观测到不连续的衍射条纹。如果光源的入射角度范围过大，则光子在进入物体内部后受到原子核束缚力产生反射和折射的角度范围会扩大，角度范围扩大到临界点的时候，反射或折射条纹会连接到一起，此时观测到的是连续的光带；光源的入射角度范围过小，则只能观测到一个点（此时进入单边内部的光子数量过少，形成的反射区和折射区亮度不够）。如图 4-37 所示（假如轨迹线与光源中心、观测屏之间的连线的夹角满足入射角度形成连续条纹的条件，则在单边 B 沿着轨迹线移动的过程中，形成的衍射条纹应当保持不变，在衍射实验 5 中我们已经进行了验证）。

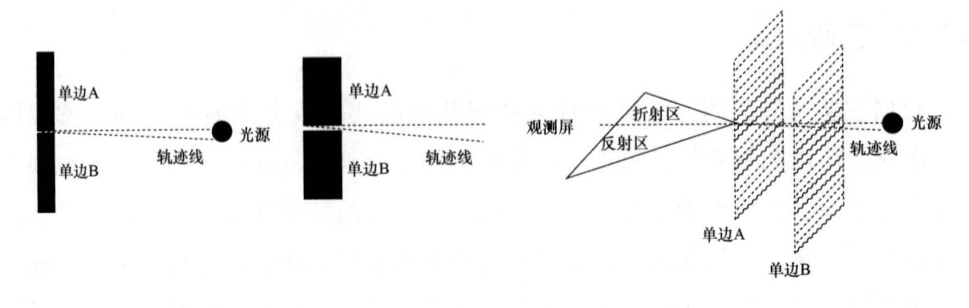

图 4-37

3. 单边对衍射条纹的作用

组成单缝的两条单边在衍射条纹的形成中有两个作用：一是限制了光源入射到对面单边内部光子的入射角度；二是互相反射一部分光子到对面的单边，这样会增加进入对面单边单位角度内部光子的数量。衍射实验 5 中使用遮挡板后出现不对称衍射条纹，就是这两个作用的最直接体现。

4. 衍射条纹中心亮斑的成因

首先，光源本身穿过孔径后会在条纹中心由直射的光照形成一个光源的镜像；其次，大部分正常反射的光线也会到达亮斑附近，那些越过法线遇到断层后指向反射方向的光子也有一部分会到达亮斑附近，而每个单缝都有两条边，两条单边的反射光线会同时互补照射到中心亮斑附近。所以衍射条纹的中心亮斑其实是光源本身通过孔径照射加上正常反射光线以及越过法线遇到断层的光线反射后的拼接与叠加。

5. 孔径大小对衍射结果的影响

孔径大小在增大的过程中，并且孔径宽度或直径没有超过光源宽度之前，单边衍射的入射光线角度范围是不断增大的，也就是说入射光线经过断层后形成的反射和折射范围不断增大，此时分割光线形成反射和折射作用的原子核所起到的隔离桩的作用不断减弱，因此这个过程中，衍射条纹之间的距离随着入射光线角度范围的增大而逐渐收窄，直到所有的反射和折射光线组成的条纹都连接到一起形成一条光带。当孔径大小的宽度超过光源的宽度时，单边的光子入射角度范围开始收窄，入射光子量也开始减少，因此，此时若孔径宽度继续增大，则单边的反射和折射效果开始减弱。

6. 干涉实验中色散现象的成因

光子是粒子，并且光粒子的动量大小是一个范围值，而不同动量大小的粒子在经过相同的原子核附近时，其运动轨迹会依据其动量大小的不同而出现变化。

而白光恰好是多种光粒子的混合体，因此，当使用白光进行干涉实验时，各种光粒子在相同的单边衍射中呈现出不同的反射图像和折射图像，这些图像进行叠加后，就得到了色散现象。

所以，干涉实验的白光色散现象恰好证明光子是粒子，并且不同颜色的光粒子动量大小不同。

4.2 泊松亮斑

4.2.1 泊松亮斑现象

泊松亮斑是一种由于光的衍射而产生的一种光学现象，是指当单色光照射在宽度小于或等于光源波长的小圆板或圆珠时，会在之后的光屏上出现环状的互为同心圆的衍射条纹，并且在所有同心圆的圆心处会出现一个极小的亮斑。

4.2.2 泊松亮斑的发展历史

1814 年，菲涅耳开始致力于光的本性的研究，他再度重现了托马斯·杨于 1801 年建立的光的双缝干涉实验，并用惠更斯原理对这一现象做出完美的解释。与此同时，他开始研究小孔衍射问题。

1817 年，法兰西学术院举行了一次关于光的本性问题的科研成果最佳论文竞赛，菲涅耳加紧了研究工作。在他弟弟的帮助下，菲涅耳成功地提出了惠更斯-菲涅耳原理，并于 1818 年提交了论文。法兰西学术院成立了一个评委会，评委会的成员中有波动说的支持者弗朗索瓦·阿拉戈（1786—1853），有波动说的反对者泊松（1781—1840）以及其他两人，还有一名中立者。尽管不少成员不相信菲涅耳的观念，但是最终还是被菲涅耳数学上的巨大成就及其与实验上的一致性所征服，并授予他优胜奖。

泊松想推翻菲涅耳的观点，就借助波动理论对衍射理论进行详细的分析。他发现：用一个圆片作为遮挡物时，光屏的中心应出现一个亮点（或者用圆孔做实验时，应该在光屏的中心出现一个暗斑），这是令人难以置信的事实，过去也未曾有人见到过。菲涅耳又经过严密的数学计算发现，只有当这个圆片的半径很小时，这个亮点才比较明显（或圆孔很小时，暗斑明显）。事后，菲涅耳和阿拉戈精心设计了一个实验，确认了这一亮斑的存在，证明了这一预言的正确性。

这个初看起来似乎荒谬的结论，是泊松研究菲涅耳论文时把它当作谬误提出来的，却成了支持波动说的强有力的证据。后来人们为了纪念这一极具戏剧性的事实，就把衍射光斑中央出现的亮斑（或暗斑）称为“泊松亮斑”。

4.2.3　泊松亮斑的成因

泊松亮斑经常被认为是说明光具有波动性的铁证，现在我们就来分析一下这个现象。

当光子照射到一个平面时，入射角度和反射角度一般都相同，也就是说，光子进入平面体和从平面体内再次射出所走的路径可能是以法线对称的。由图 4-38 可以看出，小球的表面是一个凸面，光子进入小球内部后，如无其他变化，那么会试图按照与进入平面体内时同样的路径再次射出（不考虑进入小球内部后无法射出的部分），但是很明显，小球的表面不具有平面体那种可以束缚光子按照以法线对称的路径射出的条件，而是会提前从小球表面射出，射出的光子在按照曲面排列的原子核束缚力下，以不同的角度进行反射和折射后射出，如图 4-39 所示。

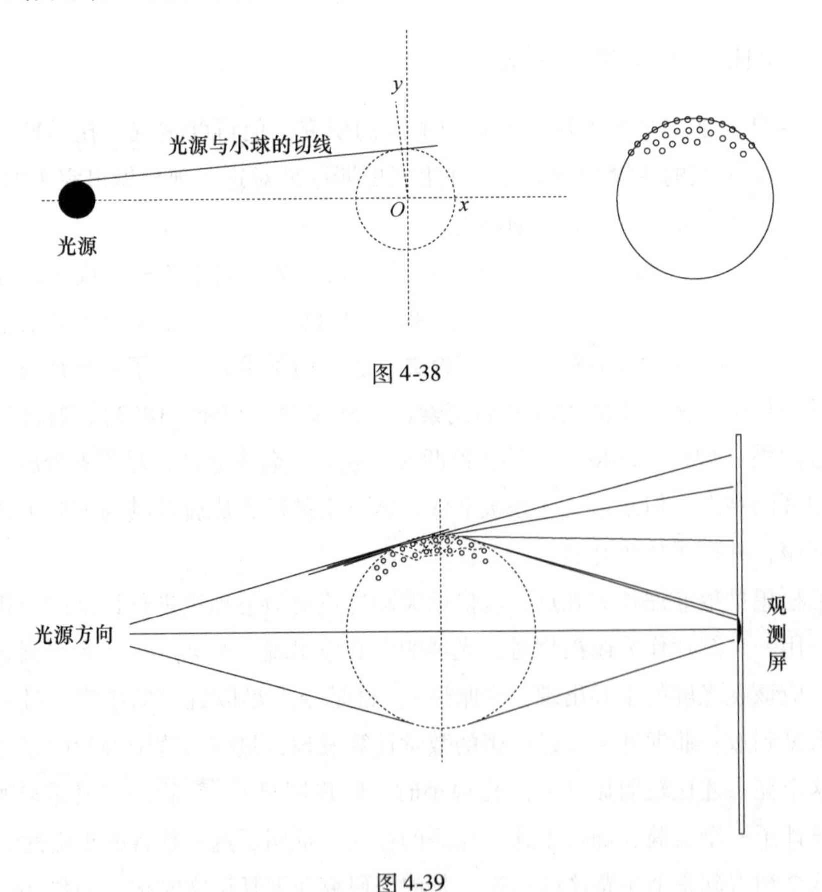

图 4-38

图 4-39

进入小球表面内部的光子在原子核的分割下，形成一束一束的光线，从小球表面不同的位置反射或折射而出，从而在观测屏上形成一圈一圈的衍射条纹。

同时，由图4-39 可以看出，从小球表面不同位置进入小球内部的光子，在原子核束缚力作用下再次从小球表面射出时的角度范围很大，其中很可能存在一部分光子反射而出的轨迹指向观测屏的中心位置；还有一部分光子在贴着小球表面飞行的时候，如果受到小球表面原子核的束缚力恰到好处，那么这些光子可能始终在小球表面飞行，没有进入小球内部，并在越过小球中心线以后，其运动轨迹逐渐指向观测屏的中心位置。

4.2.4 小球直径对泊松亮斑成像的影响

由图4-38 可以看出，小球的直径越大，则光源所发出的光线与小球表面的切点距离小球中心线越远，而光源光线与小球表面切点是光源所发出光线可以进入小球表面内部的边界（切点外侧也就是靠近观测屏的一侧，没有光源光线进入小球内部）。

光子进入小球内部的入射点与光子从小球表面再次射出时的出射点之间的距离是有限的（光子进入物体内部的深度与物体的透光性有关），只有当入射光线的出射点位于小球中心线外侧（靠近观测屏一侧），或者与小球中心线距离非常短的时候，才可能会有再次射出的光子指向小球的中心位置。因此，小球直径过大时，会导致入射光线的出射点都位于小球中心线的内侧（靠近光源的一侧），那么就不会有进入小球内部的光线在射出后指向观测屏的中心位置。这就是菲涅耳在实验中发现，只有当小球直径很小的时候，才会观测到中心的亮斑的根本原因。

4.3 光的交叉碰撞实验分析

4.3.1 光的交叉碰撞实验

惠更斯 1678 年在法国科学院的一次演讲中，公开反对了牛顿关于光的微粒说，他指出：光子如果是微粒，那么光在交叉的时候就会因为碰撞而改变方向，但现实是这种现象并没有发生。

我相信在发明手电筒以后，肯定有很多人用手电筒的光束进行了类似实验，确实没有观察到光束因为碰撞而发生光束整体改变方向的现象。

4.3.2 交叉碰撞实验分析

分析实验现象之前，我们先思考下列问题：

(1) 我们看到光束，说明肯定是有光子的方向发生了改变，那么是因为光子之间的互相碰撞使得它改变了方向，还是其他粒子的阻挡，如空气粒子的阻挡使得光子改变了方向？

(2) 我们看到这束光说明了什么？我们的眼睛需要多少光子才能形成这束光的形状？我们的眼睛接收光子的多少对光束形状的形成有什么影响？

(3) 我们看到的这束光是充满了光束所在的空间吗？光子与光束所在空间的体积比是多少？我们看到，好像光束充满了光束所在的空间，那么这是不是一个假象，反射到我们眼睛的光子只占光束的非常微小的一部分，可为什么我们认为我们看到了整束光？有没有可能光子与光束所在空间比小得可以忽略不计？

(4) 我们在位于广场上的任意位置都可以看到广场中央的灯柱，甚至我们在太空中通过特殊的望远镜从很多位置也可以看到这个灯柱，这说明灯柱上任意位置在任意时刻都在向着任意方向反射光子，假如广场上有千千万万个灯柱，这些灯柱的反射光是在任意时刻向着任意方向反射的，那么这些向任意方向反射的光子之间有没有碰撞？

(5) 我们的眼睛可以看到的面积与我们眼球的表面积相比是无比巨大的，例如：天气晴朗的时候，我们的能见度可以达到十几千米，我们的眼睛的直径只有几毫米或十几毫米，同距离我们 10km 的整个背景来说，可以忽略不计，但如果我们的眼睛没有任何疾病，我们依然可以看得非常清晰，这说明了什么？

下面我们依次来分析和回答上述提问：

(1) 如果我们和光束都处在所谓的绝对真空中，我们依然能看到光束，则说明光束中必然有光子的方向发生了改变，否则我们不可能看到。那么现在的问题，光子为什么会改变飞行的方向（狭义相对论认为光速不变，那么我们不可能看到绝对真空中的光束，因为速度都一样，且飞行方向也都一样的光子之间是不可能互相碰撞的，所以，只能有两种结果，要么我们认为的真空不是绝对的真空，而是存在各种可以阻挡光速的粒子；要么光速不是恒定量，它是一个变量，同一束光中的光子的速度存在差异）；如果我们没有在真空中，而只是在地球表面，那么地球表面的空气分子和其他粒子都会对光子产生阻挡，而导致光子改变飞行方向。

(2) 我们看到了光束，说明了光束中的光子方向发生了改变，并且改变方向的光子的数量足够在我们的眼睛内形成光束的图像。同时从另一个方面也说明了，我们的眼睛根据接收光子的数量来分辨一个物质的形状的清晰度。

（3）通过结论（2），既然我们的眼睛可以通过接收光子的多少来判断光束的清晰度，那么，我们没有证据证明：光束充满路线上的所有空间。因为，我们的眼睛接收到的光子数量，对于整束光来说可以忽略不计；否则，就意味着光束中的大部分光子都会因为发生方向改变，而无法传播到很远的距离，但现实是，一束激光可以照射到月球上，然后反射回来，理论上它可以照射到无限远。因此，我们有理由相信，看上去充满光子的光束，其实其占据的空间比例可能小到可以忽略不计。

（4）空间中的粒子在任意时刻，任意方向上的飞行的概率接近一致。

（5）与结论 2 内容类似，也就是说，正常情况下我们的眼睛根据接收光子的数量来分辨物体的轮廓以及细节的清晰度。

在我们思考了以上几个问题后会发现一个很奇妙的现象，那就是我们的空间中其实在任意时刻、任意方向都有飞行的光子（思考一下沙漠中每一粒沙子的反射光），如果考虑了 Wi-Fi 或者无线电波（也是粒子），那么我们的空间中在任意时刻、向着任意方向飞行的粒子数量多到我们无法想象，然而这些粒子并没有对我们的视觉产生阻碍作用，它们相互间也没有影响，或者没有明显的影响。这种情况同样适用于交叉的光束，虽然我们看上去光束充满了其所在的空间，其实光子与光束所在空间的体积比可以小到忽略不计，只不过我们的眼睛欺骗了我们，因为眼睛并不需要光束的每个位置都反射光子到我们的眼睛。如果打一个比方，每个光子与其空间体积占比，可能就像一只乒乓球在 $1km^3$ 内飞行一样，甚至更大，试想这样体积比的光束交叉的时候，光子相撞的概率有多大，所以惠更斯的这个论断很明显是欠缺考虑的。

该现象更加有力地说明，我们的眼睛只从看到的景象里接收了很少的光子，或者换句话说：我们看上去好像充满了光子的空间，其实是一个假象，也就是说光束并没有充满光束所在的空间，而是在光子之间存在巨大的空隙。

4.3.3 结论

（1）光的交叉碰撞实验不能证明光子不是粒子。

（2）看上去充满光子的光束空间并没有被光子所填满，而是在光子之间存在巨大的空隙。之所以眼睛看到光束的时候，认为光束充满了整个空间，根本原因在于光子之间的空隙因为太过微小，无法在眼睛内形成有效的图像，所以被眼睛忽略了。

（3）对眼睛来说，从物体反射的光子的第一作用是用来判断物体的形状；

其次才是判断物体的细节。而判断一个物体的形状并不需要从物体反射的所有光子，只需要物体边缘的部分光子就可以满足需要。

4.4 光的折射

4.4.1 折射的成因

根据前面内容的分析，我们已经得出以下两点结论：

(1) 光子是粒子，并且动量大小（或质量）是一个范围值。七种颜色的光中，紫色部分的光子动量大小比红色部分光子的动量大小小。如果对七种颜色的光子动量大小进行排序，那么则有红 > 橙 > 黄 > 绿 > 蓝 > 靛 > 紫。按光子的质量排序会得到同样的结果，也就是红色光子的质量最大，紫色光子的质量最小。

(2) 原子核是粒子。由结论可知，光子和原子核都是粒子，如果距离合适，那么它们之间一定会因为相互阻挡基本物质粒子的撞击而产生类似相互“吸引”的效果。因此，当光子进入介质内部以后，介质内的原子核会试图依靠相互吸引的“效果”而达到束缚光子的目的。如果原子核对光子的束缚力（对光子来说是向心力）足够，那么光子会围绕原子核运动；如果原子核对光子的束缚力（向心力）不足，那么光子会沿着曲线路径围绕原子核运动一定的距离后，脱离原子核的束缚，沿着切线方向飞出，然后继续向前飞行。在介质内部，光子时刻都会受到相邻的原子核的束缚力，然后又会不断地脱离原子核的束缚力并沿着切线方向飞出去。因此，光子在介质内部其实是沿着连续的曲线轨迹运动的。

沿着曲线路径在介质内运动的光子，在飞出介质表面脱离原子核束缚力的瞬间，因为没有了来自原子核的向心力，所以它会沿着曲线的切线方向飞出，而这些切线的方向与入射点和出射点之间的直线是存在一定角度的，所以，我们看到光线穿过介质后的飞行路线发生了偏折，这就是光子在穿过介质后产生折射的根本原因。光子在介质内的运动轨迹如图 4-40 所示。

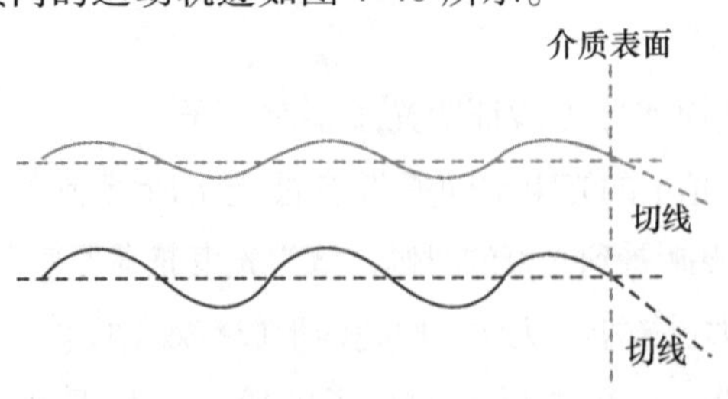

图 4-40

4.4.2 光子在介质内速度变慢的原因分析

现代物理在测量光子在介质内的速度时，使用的路径距离是光子入射介质和出射介质两点之间的直线距离，而不是现在我们知道的光子在介质内部沿着曲线运动的路径距离。

假设光速是 v_1，沿着曲线穿过介质的时间是 t，则走过的曲线路径长度与时间的关系是 $v_1 t = L_1$；入射点和出射点之间的直线路径是 L_2，则走过的直线路径长度与时间的关系是 $v_2 t = L_2$。因为 $L_1 > L_2$，且 t 相同，所以 $v_1 > v_2$。

由此可知，光线穿过介质的时候速度并没有真的变慢，只是我们使用的光子的运动路径选择错了。

4.4.3 紫色光和红色光穿过介质时的速度区别

图 4-40 中有两条曲线，上面的曲线表示的是红色光子穿过介质时的曲线路径，下面的曲线表示的是紫色光子穿过介质时的曲线路径。两种颜色的光子穿过同一种介质时的路径长度之所以出现了不同，是因为两种颜色的光子的动量大小不同，而介质内的原子核却是固定的，所以，当两种不同动量大小的光子从相同的原子核附近飞过时，其路径的改变量也不相同。动量大小相对小的紫色光路径改变量相对大，而动量大小相对大一些的红色光路径改变量相对小，如图 4-41 所示。

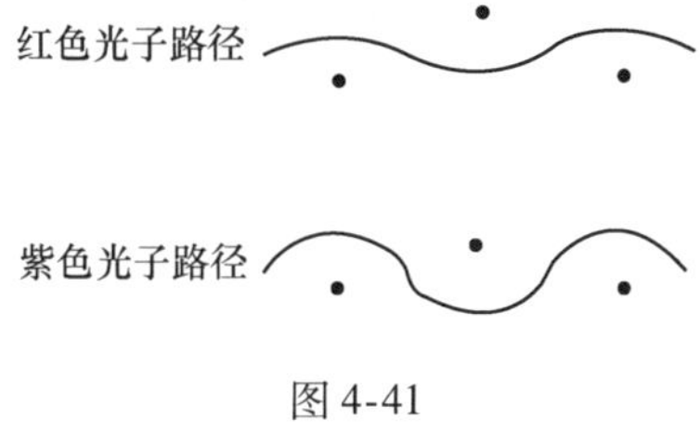

图 4-41

对两点之间的曲线路径来说，在两点保持不变的情况下，曲线的曲率越大，则路径越长。如果速度相同，那么走过的路径越长，则使用的时间越长。因此，紫色光穿过介质的时间比红色光穿过同一种介质的时间长。

4.4.4 紫色光和红色光穿过介质时的折射角度区别

光子在介质的出射点飞出的时候会沿着曲线的切线方向飞出，而曲线路径的曲率决定了光子飞出介质时的切线角度。由图 4-40 可以看出，紫色光穿过介质时的路径曲率比穿过同一种介质的红色光的路径曲率大，所以紫色光穿过介质并脱离原子核的束缚力后飞出去的切线角度要大于红色光穿过同一种介质并脱离原子核的束缚力后飞出去的切线角度。因为光子飞出去的切线角度就是光线穿过介质后的折射角度，所以紫色光的折射角要大于红色光的折射角。

4.5 颜色的本质

4.5.1 光的本质

光子是粒子，并且动量大小有一个范围值。当光子飞行的时候是光子，一旦飞行的光子被光子飞行路径上的原子核捕获，那么光子就会围绕原子核运动，此时光子的身份会转变为光电子。动量大小在光子范围内的光电子，一旦因为某种原因而脱离原子核的束缚，成为自由电子，那么身份就会由光电子重新转变为光子。

宇宙是一个粒子的世界，粒子的范围巨大，假设这个范围从 1 到无穷大。光子作为粒子，假设它的动量大小范围为 10000 ~ 100000X，那么当粒子的动量大小低于 10000X，或者动量大小高于 100000X 时，都不属于光子。

4.5.2 不同颜色的光混合实验

实验中，当我们把红光和绿光混合时可以得到黄光；把红光和蓝光混合时可以得到紫光；而把 4 种颜色的红、绿、黄、蓝光聚合成一束光时，会看到白光。

通过该实验，我们得出结论：任何一种颜色的光都不是一种动量大小的光子构成的，而是多种动量大小的光子的混合体。这个结果在我们的感光设备或发光设备中都得到了充分应用，例如：我们的感光设备都使用像素来表示分辨率，而每个像素都可以用来表示不同的颜色。每个像素都可以显示各种不同颜色的原理，就是采用了不同颜色的光子依据需要进行混合的结果。比如使用 RGB 来合成各种颜色的像素单位中，至少可以形成 Red（红）、Green（绿）、Blue（蓝）3 种颜色中的任意一种电流，或者三种电流任意组合的组合电流。

4.5.3 油漆混合实验及分析

相信很多朋友在上学的时候都做过一个实验，那就是油漆的混合实验。在没有做实验之前，按照我们的惯性思维，我们会认为把红色油漆和蓝色油漆混合在一起的时候，应当可以看到红蓝色的油漆才对，然而等做完了实验，看到的实验结果却大大出乎人们的预料。当把多种颜色的油漆充分混合到一起的时候，并没有出现大家想象的混合颜色，而是出现另一种颜色，比如当我们把黄、蓝 2 种颜色混合到一起的时候，我们会得到接近绿色的油漆；再比如当我们把红、绿、黄、蓝 4 种颜色混合到一起的时候，我们会得到接近于黑色的油漆。我们一般认为黑色是因为反射的光最少造成的。但我们的油漆中包含可以反射 4 种颜色的光的油漆，按道理说应当反射的光更多才对，那么到底是哪里出现了问题呢?

我们一般认为颜色是由物体所能反射的光的成分构成的，这个想法应当没有问题，因为物体呈现红色，恰恰是因为物体只能反射红色的光；否则感光设备无法捕获到红色的光。但为什么照射到物体上的是由多种颜色组成的白光，而物体只能反射红色的光呢? 答案只有一个，那就是其他颜色的光被物体吸收了。

前面的内容中已经探讨了光子是粒子，并且不同颜色的光子的动量大小应当不同。现在假设有一道光束照射到某物体上，在该光束中所包含的光子的动量大小范围值是 50 ~ 100X，同时，假设某物体所能束缚的电子的动量大小范围值是 95 ~ 200X。通过直观的数据可以看出，光束中光子的动量大小与某物体所能束缚的电子的动量大小存在的交集是 95 ~ 100X，也就是说光束中动量大小位于 95 ~ 100X 范围内的光子进入物体后会被物体的原子核捕获，从而成为物体的私有电子，因此，该物体也就没有了反射光子（95 ~ 100X）的机会。位于 50 ~ 94X 范围内的光子，因为不能被物体内的原子核所束缚，因此，这部分光子受到原子核的束缚力后，运动轨迹会发生改变，有的轨迹改变后深入物体内部并穿过物体，有的则在改变运动轨迹后以散射的方式再次从物体表面射出，这部分从物体表面再次散射出的光子被感光设备捕获后形成了该物体的颜色。

这个理论与我们理解油漆的混合现象是吻合的，红色的油漆表示油漆不能束缚动量大小位于红色光子范围内的光子，而能束缚位于其他光子动量大小范围内的光子，比如可以束缚动量大小位于蓝色光子范围内的光子；蓝色的油漆则表示油漆不能束缚动量大小位于蓝色光子范围内的光子，而可以束缚动量大小位于红色光子范围内的光子，其他颜色的油漆依此类推。油漆的混合实验本质是增加了油漆所能束缚的光子的范围，因此，混合的油漆颜色越多，则被原子核束缚的光子的动量大小范围越广，油漆的颜色也就越深。这就是在我们混合了红、绿、黄、蓝 4 种颜色油漆后看到黑色油漆的原因。

4.5.4 结论

我们单纯地分析不同颜色的光的混合实验，或者单纯地分析不同油漆的混合实验都不能得到对颜色的本质认识，但是把这两个实验对比起来分析就很容易得出结论了。

（1）每一种颜色都是由多种光子混合后表现出来的，改变光束中不同动量大小的光子数量占比就可以显示出不同的颜色。在感光设备内的体现就是每一种颜色都会形成多种不同的电流；或者在发光设备中，每一种颜色都需要用多种不同的电流同时流过发光的像素单位才能形成。

（2）物体表现出不同的颜色，其本质原因是物体中的原子核束缚了一定的光子，并且被束缚的光子会成为物体内部电子环链中的电子，然后围绕该物体内的原子核运动。不能被原子核束缚住的电子才能形成反射，然后反射的光子被感光设备捕获形成物体的颜色。原子核所能束缚的光子范围，与原子核外的电子环中电子的动量大小密切相关，或者说原子核外的电子环是决定物质颜色的关键因素。如果光子可以被原子核捕获，然后进入原子核外的电子环内，成为可以围绕原子核运动的光电子，那么该物质就不能反射该光子，也就不能形成该光子所代表的颜色。

（3）光子与电子的身份是可以互换的。光子在飞行的时候，属于光子的范畴；一旦被原子核捕获，则属于电子的范畴。我们的电脑屏幕可以显示五彩斑斓的颜色，其原理就是通过控制手段来释放被储存在电子环链中的属于光子范围的电子来实现的。

（4）油漆混合实验也间接地说明了光子的空间占比。假如光子真的占满了整个光束的空间，那么在油漆混合后，不同的原子核应当可以反射不同的光子，也就是油漆混合后，我们应当可以看到油漆原色的混合体，只不过各种原色面积减少而已。但实际上，我们看到了完全不同的另一种颜色，这只能说明光子并没有均匀地照射到每一个原子核上，根本原因就是光子的空间占比不是百分百。

4.6 红移和蓝移

4.6.1 红移和蓝移的定义

现代物理学对红移的定义：物体的电磁辐射由于某种原因波长增加的现象，在可见光波段表现为光谱的谱线朝红端移动了一段距离，即波长变长、频率降低。红移有多普勒红移、引力红移、宇宙学红移三种，最初是在人们熟悉的可见光波段发现的，随着对电磁波谱各个波段的了解逐步深入，任何电磁辐射的波长增加都可以称为红移。

现代物理学对蓝移的定义：与红移相对，蓝移是一个移动的发射源在向观测者接近时，所发射的电磁波（如光波）频率会向电磁频谱的蓝色端移动（也就是频率升高、波长缩短）的现象。在光化学中，蓝移也非正式地指浅色效应。

在前面分析中，我们已经知道光子就是粒子，没有波动性，所以，现代理论关于红移和蓝移的定义是错误的。

4.6.2 红移和蓝移的本质

在讨论颜色本质的时候，通过实验我们已经知道，光束混合后可以产生不同的颜色，也就是说，光束中各种光子数量占比发生变化的时候，呈现出来的颜色也会发生变化，这个结论同样适用于红移和蓝移。因此，红移和蓝移的本质：从光源发出的光中的各种光子占比，在到达观测者的感光设备之前发生了某些改变，从而被观测者认为光源发出的光产生了红移或蓝移。

4.6.3 红移和蓝移的实现之光源的远离和靠近

在前面的内容中我们讨论了两个原子核之间的共有电子环内电子的范围，可知共有电子环是由某个范围内的电子共同构成的，也就是说，在同一个共有电子环内，有的电子的运行轨道半径大一些，而有的电子的运行轨道半径则小一些；或者有的电子质量大一些，而有的电子则质量小一些。当物体快速移动的时候，共同围绕原子核运动的，在不同轨道半径上的电子在整个物体移动的过程中会有不同的表现。很明显，电子的轨道半径越大，则在整个物体移动的过程中越容易脱离原子核的束缚；反之，则越难以脱离原子核的束缚；同样，电子的质量或动量大小越大，在向心力变化的时候越容易改变轨道并脱离原子核的束缚。

前面探讨光的折射的时候，我们曾经定义了光子的动量大小顺序，按照光子的动量大小排序的结果是红 > 橙 > 黄 > 绿 > 蓝 > 靛 > 紫。也就是说红色光子的动量大小最大，紫色光子的动量大小最小。对粒子来说，动量大小越大，表示质量越大，速度越慢；反之，则质量越小，速度越快。因此，在七色光中，红色光子的质量最大，速度最慢，而紫色光子的质量最小，速度最快。对位于共同电子环中的红色光子和紫色光子来说，红色光子的轨道半径大于紫色光子的轨道半径。

在背离（远离）原子核运动的方向上，对同样围绕着原子核做圆周运动的电子来说，动量大小越大或质量越大，其受到的向心力减量则越大，在惯性力的作用下就越容易脱离原子核的束缚，从而成为自由电子。这个规律对动量大小位于光子范围内的电子来说，同样适用。在光子的范围内，红色光子的动量（或质量）大小最大，因此，原子核快速运动的时候，作为原子核电子环中的一部分的红色光子要比同样作为原子核电子环中一部分的其他光子更容易脱离原子核的束缚，从而成为自由电子，也就是我们在光源远离的时候看到了红移现象。

在原子核运动的同向（靠近）的方向上，对同样围绕着原子核做圆周运动的电子来说，动量大小越大，或质量越大，其受到的向心力增量则越大，受向心力增量的变化，动量大小越小的电子越容易脱离原子核的束缚，因此，在光源靠近我们的过程中，我们应当观测到紫移或蓝移。

4.6.4 红移和蓝移的实现之光源的距离

因为距离而导致的红移和蓝移情况比较复杂，下面我们分别来讨论：

1. 光子与其他粒子撞击后质量和动量大小增加

宇宙是一个粒子的世界，当光子在这个粒子的世界中飞行的时候，它可能会与任何挡在它飞行路径上的粒子发生撞击，撞击的结果是难以预料的。如果它与其他粒子发生撞击后发生了形变并聚合到一起，那么聚合后的粒子的质量应当增加，速度会变慢。前面我们已经分析了红色光子的质量在所有已知光子中最大，速度最慢，也就是说，不属于红色光子范围内的其他光子，在经过撞击后，如果质量增加了，那么它的身份会发生改变，改变的顺序是紫 > 靛 > 蓝 > 绿 > 黄 > 橙 > 红。光子的身份最终变为红色后，并不是终点，还会继续撞击并增加质量，然后变为红外线粒子。

2. 光束在飞行的过程中出现了发散情况，导致各种光子占比发生改变

恒星发出的光会以恒星为中心向外蔓延散射，随着距离的增加，单位面积内穿过的光子数量会越来越稀疏。

3. 各种光子本身速度不同，导致光子占比发生改变

不同种类的光子动量大小不同，速度也不相同，虽然目前已经有了光速的数值，但是这个数值并不精确。通过前面的实验我们已经知道，每一种颜色的光都是由多种光子混合组成的。因此，我们测量的光速是各种光子混合后的光速。既然光子的速度存在差异，那么同时出发的各种光子，随着时间的推移，不同光子之间会出现距离的差异，而且这种差距会越来越大。也就是说，随着时间的推移，我们在任意时刻，在光子飞行路径上的不同横截面处会观测到不同的光子占比。

假设存在 $L_1 < L_2 < L_3 < L_4$，当距离小于 L_1 时，我们看到正常的光；当距离大于等于 L_2，并且小于 L_3 时我们看到蓝移现象；当距离大于等于 L_4 时，我们看到红移现象。

4.6.5 红移和蓝移实现之恒星的成分

一直以来，我们都认为各个恒星发出的光都应当相同，其实这只是我们的主观判断。宇宙中的环境情况千变万化，因此宇宙中各个区域内的粒子分布情况也是千变万化的，而由千变万化的粒子情况形成的各种星体之间也会存在大大小小的差异。假如存在一颗这样的恒星，其所发出的光中的各种光子占比本身就存在偏红或偏蓝的现象，而因为人类根本无法探测恒星的成分，因此，我们只能认为该恒星发生了红移或蓝移现象。

4.6.6 结论

根据前面的分析可知，恒星红移和蓝移的成因非常复杂，我们单凭观测结果是无法判断恒星红移或蓝移的复杂成因的。但是有一点我们可以确认，既然成因非常复杂，那么每一种成因都会存在一定的概率。

如果恒星在远离我们，那么确实可能会产生红移现象，但是我们稍加思考后就会发现这个结论对我们现在发现的那些存在了很久，有的甚至存在了上千年的星座类星系中的恒星都不适用。为什么这么说呢？我们都知道恒星是以其本身为中心，然后以从恒星中心出发的任意延长线为半径，并以该半径形成的球面嵌套的形式向外蔓延散射星光的，随着半径长度的增加，以该半径形成的球面面积在以几何级数递增，然而总的光子数量并没有增加，因此，该球面单位面积内的光子数量在以几何级数递减。如果恒星在快速远离我们，那么按照单位面积内光子数量的几何级数递减速度，恒星的星光能维持多久就会彻底消失？在消失之前是不是星光的强度在快速递减？然而事实是，所有的星座级星系内的恒星的星光一直微弱得好像马上就可以消失，按道理来说，这么微弱的星光如果以几何级数速度衰减的话，那么一天就可能消失，但是，我们预料的事情并没有发生，这些恒星不但没有消失，而且以这种微弱的星光存在了几百年甚至几千年。

由此得出结论，恒星的红移和蓝移并不是因为恒星在远离或靠近我们，其原因只可能是下列中的任意一种，或者两种叠加形成：

（1）恒星与我们之间的距离，存在 $L_1<L_2<L_3<L_4$，当距离位于 L_1 时，我们看到正常的星光；当距离大于等于 L_2，并且小于 L_3 时，我们看到蓝移现象；当距离大于等于 L_4 时，我们看到红移现象。

（2）恒星的物质成分影响了其散射出星光的颜色。

4.7 光电效应

4.7.1 光电效应的定义

光照射到金属上，引起物质的电性质发生变化。这类光变致电的现象被人们统称为光电效应（Photoelectric effect）。

因光电效应理论获得诺贝尔奖的爱因斯坦认为，组成光束的每一个量子所拥有的能量等于频率乘以普朗克常数。假若光子的频率大于某极限频率，则光子拥有足够能量来使一个电子逃逸，出现光电效应。

由前面的内容分析可知：首先，光子是粒子，并且是有质量的，不是单纯的能量子，否则干涉实验中不会出现白光色散现象；其次，我们修正了原子模型理论，电子不可能会吸收光子，然后发生能级跃迁；最后，单个光子不会因为光源的产生频率变化，所含能量就会有任何改变，而且这个也没有任何实验依据，只是人们的猜想。

4.7.2 光电效应的成因与光电子

（1）光子是粒子，并且动量大小是一个范围值。

（2）电子是粒子，并且动量大小是一个范围值。根据电子的定义，任何在类引力效应作用下可以围绕其他粒子运动的粒子，都属于电子的范畴。光子作为粒子，在飞行的时候，身份是光子，一旦被原子核捕获，就可以围绕原子核运动，因此，光子在被原子核捕获后，会转变身份成为围绕原子核运动的电子，我们定义这类由光子身份转变而成的电子为光电子。

（3）光电效应板内的原子核所能束缚的电子的动量大小范围与光子动量大小范围存在交集，并且交集的范围越大，光电效应板捕获光子的效率越高。

由上面三点可知光电效应的原理：当光子照射到光电效应板时，进入光电效应板内的光子，一旦进入原子核束缚力范围内，并且与原子核的位置合适，那么原子核会试图捕获该光子，使之成为围绕自己运动的电子；如果该光子的动量大小恰好在原子核所能束缚的电子的动量大小范围内，那么该光子会瞬间被原子核捕获，成为该原子核的私有光电子并开始围绕原子核运动。

光电效应板内的原子核之间存在连续的共有电子环链，被原子核捕获的光电子会在共有电子环链上围绕所有原子核运动。随着时间的推移，光电效应板内的原子核不断地捕获光子，因此，光电效应板内共有电子环链中的光电子密度不断增加，直到饱和状态。

4.7.3 光电效应中的频率问题

前面讨论电子环的时候，曾经讨论了电子环中的电子得失问题，这个结论对所有的物质都适用，因此，光电效应板作为物质，其内部的原子核也在不断地失去电子和捕获电子。这个过程即使在光电效应板工作的时候也在进行，而照射光源的频率决定了单位时间内光电效应板内原子核捕获光子的数量。如果光电效应板单位时间内捕获的光子数量不足以弥补光电效应板失去电子的数量，那么光电效应板就不能积累到足够的光电子，也就不能形成电流。因此，照射光源的频率低于临界值的时候，光电效应板不能捕获足够的光子来弥补同时失去的电子，光电效应板内就没有电流可以产生。当增加光源照射频率的时候，光电效应板单位时间内捕获的光子数量也会增加。

如果每一次频率内被光电效应板束缚的光子数量概率上是 n，单位时间 t 内失去电子的数量是 x，频率是 v，那么单位时间 t 内光电效应板内的电子增量 $= vn - x$。可见当频率小于 x/n 的时候，光电效应板内不会产生多余的光电子。

4.7.4 光电效应中的光照问题

光电效应板是一个内部原子核数量已经固定的物质，其内部的共有电子环链也是固定的，因此，只有位置合适的光子在进入光电效应板后才能被原子核捕获。经过分析可知，对任何一个原子核所能束缚的电子环来说，只有两个环切面满足束缚入射光子的要求，这两个环切面就是位于电子环在原子核两侧的横切面，也就是说只有轨迹进入这两个横切面内，并且飞行轨迹与电子环的平面平行的光子才满足被束缚的要求。那些位置不合适的光子受到原子核束缚力后，运动轨迹只是做了一个改变，然后很可能会直接从光电效应板上反射而出。还有的光子甚至会直接撞击到原子核或其他电子，然后轨迹改变并直接反射而出。

光照强度的增加，不但意味着光电效应板可以束缚更多的光子，同时也意味着大量的电子会受到光子的撞击，因此，从光电效应板内散射出的电子数量也会增加。另外，进入光电效应板的光子数量虽然增加了，但是角度和位置都适合被原子核束缚的光子数量增加得并不多，这受限于电子环的两个环切面很小的缘故，因此，光照强度增加后被原子核捕获的光子数量并没有随着光照强度的增长级数增长。当然，这不意味着光照强度一点作用都没有，只有光照强度以几何级数增长的时候，光电效应板束缚的光子数量才有可能大量增加。

如果每次入射到光电效应板内的光子数量是 x，可以被捕获的光子数量是 n，因为入射光子的撞击，光电效应板失去电子的数量是 m（不考虑光电效应板自然失去的电子），当 x 增加到 $2x$ 的时候，因为入射光子密度的增加，受到入射光子的撞击失去电子的数量可能远大于 $2m$，可能是 $3m$、$4m$ 甚至 $5m$，因此，此时光电效应板内的电子总量的增加量为 $2n-3m$、$2n-4m$ 甚至 $2n-5m$。

4.7.5 光电效应的电压定义

假设导线以及各种电器在没有电流通过时的电子密度是 10，同时也假定导线中的零线中的电子密度也是 10。当光电效应板电子密度饱和时的密度是 100，那么在导线与光电效应板连接的瞬间，也就是光电效应板中的共有电子环链与导线中的共有电子环链连接的瞬间，大量电子会沿着共有电子环链进入导线中，这个过程中双向流动的电子的数量差就是电流。因此，所谓的电压，就是储电设备中共有电子环链中电子的密度与零线中的电子密度差。

4.8 康普顿效应

4.8.1 康普顿效应的定义

1923 年，美国物理学家康普顿在研究 X 射线通过实物物质发生散射的实验时，发现了一个新的现象，即散射光中除了有原波长 λ_0 的 X 光外，还产生了波长 $\lambda_1>\lambda_0$ 的 X 光，其波长的增量随散射角的不同而变化。这种现象称为康普顿效应（Compton Effect）。用经典电磁理论来解释康普顿效应时遇到了困难，康普顿借助爱因斯坦的光子理论，从光子与电子碰撞的角度对此实验现象进行了圆满的解释。我国物理学家吴有训也曾对康普顿散射实验做出了杰出的贡献。

4.8.2 康普顿效应的成因

现在我们已经知道宇宙是一个粒子的世界，所有物质都是粒子或者粒子的聚合体，光子是粒子，电子是粒子，所有其他的各种波、射线等都是粒子。所有这些粒子都是由基本物质粒子在漫长的宇宙时间中经过撞击、聚合、再撞击、再聚合而形成的，它们没有本质的区别，唯一的区别就是粒子的质量以及动量大小可能不同。因此，X 射线也是粒子，它与光子的区别是粒子动量大小不同而已。

在讨论颜色本质的时候，我们知道任何一种颜色的光都不是单一动量大小的光子组成的。虽然我们并不能据此就推断X光中的粒子也和可见光一样包含多种粒子，但以我们现在对材料的掌握程度以及提纯水平，是不可能保证仪器所发射的X光中只包含单一的X光粒子的，也就是说我们以为的单一X光束中，粒子的动量大小实际上不是单一值，而是一个范围值。

由于X射线是粒子，因此，X射线进入实物物体内部受到原子核束缚力影响以后会沿着曲线在实物物体内部运动。同时，因为X光中的粒子动量大小是一个范围值，因此，这些粒子进入介质后，受到同一种原子核的束缚力后，轨迹的改变肯定也不一样，也就是说不同动量大小的粒子沿着曲线运动轨迹的曲率不同。

由图4-40可以看出，不同动量大小的粒子在沿着不同曲率的曲线运动轨迹射出实物物体表面的时候，会根据曲线的曲率所决定的切线方向飞出。

由此可以看出，X射线穿过实物物体的时候，并没有产生新的射线，只不过原来动量大小不一混杂在一起的粒子，经过实物物体后根据射出角度不同而进行了分类，或者说射线在穿过实物物体后，可以根据射出角度不同对射线进行再次细分。

可以考虑用实物物体对射线类粒子进行精细分类与过滤，以去掉不需要的粒子。

4.9 电与光的转化

4.9.1 光能的转化与储备

光能的转化与储备方式有多种，最常见的有两种：

（1）光电效应。人类制造的光电效应板可以直接束缚光子并将其转变为光电子，然后通过与光电效应板连接的导线，将其输送到其他用电设备或储能装置中。

（2）光合作用（光电效应的一种）。光合作用中植物会利用碳原子核束缚光子，从而将其转变为光电子储备在植物体内。

4.9.2 电流中光电子的释放原理

不管哪种方式储备的光能，其最终都是利用原子核将光子捕获，然后被捕获的光子以光电子的身份围绕原子核运动。如果我们想要利用这些储备的光能，那么必须再次从原子核的束缚中释放这些光电子，从而将光电子身份再次转变为光子。

不管是储备光能还是释放光能，都与电子环密切相关。当光子的动量大小与电子环中的电子动量大小存在交集的时候，原子核可以捕获光子进入电子环中；当电子环中的电子动量大小与光子的动量大小范围没有交集的时候，试图通过共有电子环链传输的光电子则会失去原子核的束缚，这些失去原子核束缚的光电子就可以自由散射而出，从而再次转变身份成为光子。

那么如何释放电子环中的光电子呢？我们假设下列情况存在：

（1）光电子的动量大小范围为100～1000X。

（2）灯丝中的原子核所能束缚的电子动量大小范围为60～99X。

（3）导线中的原子核所能束缚的电子动量大小范围为80～2000X。

可以看出导线中的共有电子环链与灯丝中的共有电子环链所能束缚的电子的动量大小存在的交集为80～99X，因此导线与灯丝接触后可以形成共有电子环链。但是灯丝中的共有电子环链所能束缚的电子与光电子的动量大小范围没有交集，因此，在导线中沿着共有电子环链流动的光电子到达导线与灯丝的共有电子环链连接处以后，会借助惯性力进入灯丝中以后试图继续沿着灯丝内的共有电子环链流动，但是灯丝中的原子核已不能再给光电子提供足够的束缚力来保证其继续沿着共有电子环链流动，所以，光电子一旦进入灯丝中以后，就会脱离原子核的束缚向外散射，此时，就可以看到灯丝发光了。

灯泡的灯丝采用了某种特殊材料，这些材料可以和导线形成一定的共有电子环链，但是又不能对电流中的光电子提供足够的束缚力。这样导线中的电流到达灯丝的时候，就可以根据制作灯丝材料的特性对电流中的电子进行选择性的释放。

所以，制作灯丝的材料不能完全不导电（绝缘体），那就没有电流可以进入灯丝中；也不能完全导电（电的良导体），如果电流顺利通过，不能释放自由电子，那么灯丝就不会发光。同时还要满足一定的稳定性，也就是灯丝内必须存在一定数量的交叉立体的共有电子环，才能保证灯丝在释放自由电子的同时，灯丝内部的其他共有电子环不会因为大量自由电子的撞击而断裂。

4.9.3 霓虹灯色彩斑斓的发光原理

首先，光电子的动量大小是一个范围值，并且不同动量大小范围的光子表现出的颜色不同；其次，不同的材料所能束缚的电子的动量大小范围可能也不相同。因此，人们只要通过不断的实验，间接推断出不同材料中的共有电子环链中流动的电子动量大小范围，或者推断出可以释放的光电子的动量大小范围，然后就可以通过对材料的精确控制，在电流通过的时候对电流中的光电子进行精确选择和释放。

霓虹灯正是通过对材料的选择，来实现对电流中符合特定范围的电子精准控制释放的目的。

4.9.4 植物体中光电子的释放

植物利用光合作用束缚了大量的光子以及其他范围内的粒子，这些光子以及其他范围内的粒子进入植物体内以后被用来束缚新加入的碳原子，因此被植物利用光合作用束缚的光子以及其他范围内的粒子转变身份为光电子和普通电子以后，被储存在形成植物体的碳原子之间的共有电子环内。因此，任何需要光合作用才能生长的植物体内都储存了大量的光子以及其他范围内的粒子。从这一角度来看，每一株植物都可以被看作一个“电池”，只不过这个“电池”内部没有连续的共有电子环链，或者没有长度足够的共有电子环链，并且这个“电池”的稳定性非常好。

植物体中的光电子释放的方法比较简单，直接破坏植物体中原子与原子之间，或分子与分子之间的共有电子环就可以实现，一旦共有电子环遭到破坏，共有电子环中的大量电子就会在惯性力的作用下脱离原子核的束缚，从而转变光电子身份为自由光子。

5 能　　量

5.1　地球上的能量

5.1.1　地球上能量的定义

能量到底是什么？这个问题一直困扰着人们，它是至今为止物理学中没有明确定义却又被使用最广泛的物理概念和物理量，也是最为模糊和被滥用的量。

能量是量化粒子运动能力的量。根据第 3 章和第 4 章的内容可以得出结论：地球上的一切可以被人类所能利用的能量都来源于电子的运动（有少部分能量来源于其他粒子的运动，比如核能中由于原子核碎片化所释放出的原子核碎片）。

宇宙中所有运动的粒子都具有动能，任何体积大于基本物质粒子的粒子都具有形变能。因此，宇宙中不具有能量的粒子是不存在的。它们唯一的区别就是能量的大小问题。

5.1.2　地球上能量的分类

人类可以利用的能量来源多种多样，按照来源可以分为下列几类：

（1）太阳能（特指光电效应板获取光子，然后把光子转变为光电子储存起来）。

（2）风力发电（电能）。

（3）水力发电（电能）。

（4）植物体（包括煤炭等）。

（5）动物体（包括原油等）。

（6）热能（沸腾的泉水等）。

……

虽然能量的来源很多，但最后的实质都是电子的得失问题，光电效应板捕获的是光子（更多的是其他范围内的粒子，光子只是其中的一部分而已，本质原因是太阳散射出的粒子范围巨大，可见光只是其中一部分而已），然后光子转变身份成为电子；风力发电捕获的是环境中的各种粒子，然后转变身份成为电子；水力发电和风力发电一样；植物体的光合作用是利用碳原子核捕获光子，然后转变为光电子储存起来；动物体则是从植物体中获得电子后，再次转变为自身的电子；热能虽然复杂一些，但热能本身就是电子的运动表现。

代表地球上能量的电子绝大部分都来源于太阳，太阳不但在向外散射光子范围内的粒子，还在散射地球上用到的所有范围内的电子类粒子。地球除了与生俱来的粒子外（假设地球来源于其他的星系），所有其他的粒子基本上都来源于太阳的散射。如果没有太阳，地球上的粒子会不断地散射进入太空中，然后会慢慢地进入冰封的世界。

5.2　火焰的本质

5.2.1　火的意义

人类对火的掌握和使用可以说是人类与低等动物从本质上区别的分水岭，是人类进化史上的标志性事件，然而从人类开始使用火到现在已经过去上百万年，人类依然不知道火焰的本质以及火焰中那种可以烫伤我们的能量到底是什么。

5.2.2　火柴的燃烧

火柴燃烧的几个阶段：

第一阶段：火柴棍的头部与火柴盒的摩擦阶段。这个过程中位于摩擦表面的一部分原子核因为受到摩擦作用力的原因，其与其他原子核之间的共有电子环遭到了破坏（共有电子环是突出物体表面的，因此两个物质表面相交时，电子环会互相交叉到对方内部）。此时双方的电子环中的电子都可能会因为受到对方原子核的影响而改变轨迹，从而脱离其宿主原子核的束缚力成为自由电子，这个过程中电子环的轨道半径越大，则电子环中的电子越容易受到对方原子核束缚力的影响而断裂，其原理如图 5-1 所示（实线圆圈 1 代表原子核 O_1的电子环轨迹，实线圆圈 2 代表原子核 O_2的电子环轨迹，虚线圆圈 3 是实线圆圈 2 的镜像，虚线圆圈 4 是实线圆圈 1 的镜像）。

很明显，图 5-1 中的两个原子核在靠近的过程中，由于原子核 O_2的电子环中的电子轨道半径大于原子核 O_1的电子环中的电子轨道半径，因此原子核 O_2的电子环中的电子会首先受到原子核 O_1的影响而改变轨迹。如果原子核 O_1无法束缚

这些来自原子核 O_2 的电子，那么这些来自原子核 O_2 电子环中的电子会以发散的方式散射出去，从而成为自由电子。然而原子核 O_2 是依靠电子环中的电子束缚力与其他原子核结合到一起的，如果电子环中的电子失去得过多，则原子核 O_2 不能从其与其他原子核之间的共有电子环中获得足够的电子束缚力，那么 O_2 则会挣脱共有电子环中剩余电子的束缚力而成为自由的原子核，此时意味着原子核 O_2 与其他原子核之间的共有电子环断裂，在共有电子环断裂的瞬间，依据惯性力，共有电子环中的电子有一部分会因为瞬间受力不足而散射出来，成为自由电子。一般情况下，地球上的绝大多数原子核所能束缚的电子环中都会包含一部分的光电子，而这些光电子一旦失去原子核的束缚力再次成为自由电子之后，则会转变身份成为光子，因此我们可以看到火柴棍头部与火柴盒摩擦后的发光现象。

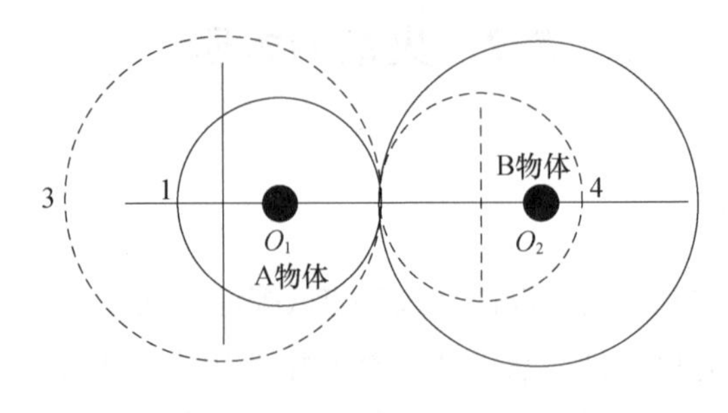

图 5-1

火柴棍头部摩擦后断裂的电子环会释放出大量的自由电子和自由的原子核（现代理论中定义为离子），这些自由粒子的运动方向是无序的，它们可能会向任意方向运动。这些无序运动的电子和原子核，由于其运动方向的任意性，它们很可能会撞击到其他没有因为摩擦而断裂的电子环的电子或原子核，或者依靠自由原子核的束缚力影响到其靠近的那些还没有断裂的电子环中电子的运动轨迹，从而导致受到其影响的电子环的电子脱离原来原子核的束缚。如果受到影响的电子环中的电子失去得过多，则会导致电子环的断裂，从而继续释放自由电子和原子核。

火柴头与火柴盒的摩擦过程中发生反应的是化学物质，一般都比较活跃，也就是说电子环不是很稳定，受到其他自由粒子的撞击很容易就会断裂，从而释放出自由电子和原子核，因此，很容易就会形成一个链式反应，所以，一旦摩擦后有电子环断裂，整个火柴头都会瞬间反应完毕。

第二阶段：燃烧的开始阶段。木头中的电子环都很稳定，没有足够的自由粒子撞击，很难断裂。因此，在火柴头中的化学物质反应完毕之前，必须有其他比较活跃的元素加入，并可以释放出大量的自由电子和原子核，而根据我们的经验可知，氧原子的特性正好满足这些条件。

火柴棍在经过第一阶段的反应后，在大量自由电子和原子核的共同作用下，火柴棍中的一些碳原子核成为自由的原子核（离子）。如果空气中存在氧气，那么氧气分子的电子环在这种自由粒子密度很高的环境中也会因为受到撞击而断裂，从而继续向空间中散射自由的电子和游离的氧原子核（离子）。处于游离态的氧原子核和碳原子核，如果位置和距离合适，那么它们之间会试图形成共有电子环。假设氧原子核所能束缚的电子环中电子的动量大小范围为 60～100X，而碳原子核所能束缚的电子环中的电子动量大小范围为 70～85X（注意：电子环中电子动量大小范围的大小并不能说明原子核的质量如何），那么当氧原子核和碳原子核之间形成共有电子环之后，位于 60～69X 范围内和 86～100X 范围内的电子则会因为受到碳原子核束缚力的影响而脱离氧原子核的束缚，并且试图在碳原子核的束缚力之下围绕碳原子运动失败后，而成为自由电子散射而出；同时因为 70～85X 范围内的电子会突然增加，也会导致这个范围内的一些电子因为互相撞击而脱离原子核的束缚，从而成为自由电子。因此，在氧气分子和游离的碳原子核形成共有电子环后，释放的电子应当包括 60～69X 和 86～100X 中的大部分电子，同时也包括一部分位于 70～85X 范围内的电子（这部分范围内的电子大多因为密度过大而互相撞击，或互相影响而脱离原子核的束缚成为自由电子）。

游离的碳原子核和氧原子核之间形成共有电子环后释放的大量电子会继续撞击剩余的没有游离的碳原子核，因此，剩余的还存在于固态之中的碳原子核在撞击之下可能继续分离出单个原子核，也可能分离出两个（包括两个）以上的碳原子核的聚合体，这些游离的单个原子核或多个原子核的聚合体在其他粒子的撞击下，在空间内做无序的运动。这些在空间内做无序运动的碳原子核或碳原子核的聚合体继续在空间中受到自由粒子的撞击，如果聚合体中的电子环因为撞击而断裂，会继续向空间中释放出自由电子；随着空间中粒子数量的增多，受到自由粒子撞击而电子环断裂的氧气分子范围也在扩大，因此，我们会看到火焰的上升或飘浮，实际上是在空间中电子环不断断裂的碳原子核聚合体和氧气分子所释放自由电子的缘故。

5.2.3　充足燃烧与不充足燃烧

事实证明氧气分子中的电子环在断裂的过程中释放的大量自由电子在火焰燃烧的过程中担当非常重要的角色，如果空气中的氧气分子数量不足，那么因为自由粒子撞击而电子环断裂的氧气分子数量也会不足，这会导致两种结果：

（1）出现 CO。如果空间内自由粒子的密度过低，那么就不能保证有足够的氧气分子继续因为撞击而分离出自由电子和氧原子核。如果空间内的自由氧原子核数量不足，那么就不能保证游离的碳原子核和足够的氧原子核通过共有电子环而聚合成 CO_2，因此，此过程中会出现 CO。

（2）出现积碳。如果游离的碳原子核最终不能和至少一个游离的氧原子核形成共有电子环，那么最终该碳原子核就会与最先遇到的任何物质试图形成共有电子环，因此，时间久了会在任何靠近火焰的地方看到黑色的积碳产生。

5.2.4 结论

经过分析可知，火焰燃烧的过程可以总结如下：

（1）电子环断裂，释放自由电子和原子核。

（2）形成电子环，释放自由电子和捕获原子核。

在燃烧过程中释放出的自由电子范围不可预料，而光电子只是这不可预料的自由电子中的一部分，在光电子成为自由电子之后，转变身份为光子，因此，我们经常可以看到燃烧过程中的发光。

现代知识点中，火焰的燃烧被定义为化学反应，而这个所谓的化学反应，实际上用一句话就可以概括：化学反应的本质就是电子环的断裂或重新形成的过程。这个过程中会释放出自由电子或游离的原子核，或者束缚自由电子或原子核。

另外，在植物体没有燃烧的时候，空气中的氧气分子也时刻都在尝试与植物体中的碳原子核之间形成共有电子环，但是植物体内的碳原子核之间的共有电子环非常稳定，因此，即使氧原子核与碳原子核之间形成了共有电子环，植物体内的碳原子核也不会在和氧气分子之间共有电子环的拉扯力之下断开。

5.3 原子能

5.3.1 原子能

原子能又称“核能”，即原子核发生变化时释放的能量，如重核裂变和轻核聚变时所释放的巨大能量。放射性同位素放出的射线在医疗卫生、食品保鲜等方面的应用也是原子能应用的重要方面。

5.3.2 核裂变

地球上的所有物质都是以原子核聚合体的方式或者单体原子核的方式存在

的。如果是原子核聚合体的方式，那么这些原子核的聚合体内必然存在共有电子环；如果是单体原子核的方式，那么这些单体的原子核也会有私有的电子环（环的定义在这个地方不是很精确）。不管是共有电子环还是私有电子环，其中都必然存在大量的电子。

原子核裂变初期，大量的电子环因为某种原因突然断裂，释放出大量的自由电子。这些自由电子会再次撞击附近的电子环以及原子核，导致附近的电子环也断裂。这是一个链式反应，在此瞬间整个物质内部的大量电子环都出现了断裂情况，大量的电子被释放而出。因此，核裂变中释放出的能量就是大量电子所具有的动能。

常温水中的水分子虽然都在振荡，但是振荡幅度不够，这样导致的结果有两个：一是水分子在振荡的过程中分子之间会产生临时的空间重叠，二是振荡力不足以支撑水分子跃出水面成为水蒸气飘浮在空中（但是，空气中快速振荡的空气分子也可以和水分子形成临时的共有电子环，因此，常温下水分子是可以借助和空气分子形成的临时共有电子环的拉力跃出水面的）。核裂变的时候大量的自由电子会散射到空间内，如果空间内有大量的水，则水分子中的原子核在捕获大量电子的同时，也会受到空间内自由粒子的密集撞击。水分子中的原子核受到大量粒子撞击后，其振荡幅度会随着撞击次数的增多而增大，因此，水分子的整体振荡幅度越来越大，当振荡产生的拉扯力大于水分子之间依靠共有电子环产生的束缚力的时候，水分子就会跃出水面成为水蒸气的形态。水分子在受到大量自由粒子撞击的同时，其电子环内的电子数量也会增加，电子环内电子密度的增加也意味着电子环失去电子的速度增加，脱离原子核释放的电子也会对原子核产生撞击作用。因此，高温的水蒸气，不但意味着水分子的高频振荡，还意味着电子环中电了的快速得失。

高速振荡的自由水分子会试图与路过的任何分子形成共有电子环，虽然只是瞬间形成，然后又会瞬间断开，但是因为频率太高，人类任何试图压缩水蒸气的速度都远远低于分子之间共有电子环形成与断开的速度，因此，空间内的分子会依据临时形成的共有电子环产生对空间的支撑。这就是水蒸气难以被压缩的原理。

现代民用核裂变中大部分都是利用冷却水来获得所谓的核裂变能，而这个过程其实就是：核裂变释放出类电子类粒子→电子撞击水分子以及水分子获得大量电子→水分子振荡幅度增大→水分子成为水蒸气→水分子冷却并释放出大量电子。

5.3.3　核聚变

首先，符合聚变的原子核应当存在多个电子环，并且电子环的半径不同。其次，这些电子环中都存在大量的电子。这些电子环因为高温高压和其他粒子撞击的情况下，断裂后会释放出大量的自由电子，这些电子所具有的动能就是核聚变过程中释放出的能量，最终这些原子核可以依靠半径更小的电子环结合到一起，从而形成了一种新的物质。

5.3.4　核聚变与核裂变中的能量

不管是聚变还是裂变，过程中都是电子环断裂，然后释放出自由电子。这些释放出的自由电子所具有的动能，就是聚变或裂变过程中释放出的能量。

在裂变的过程中，可能只是断裂了一种电子环，然后就形成了稳定的新物质，而新的物质中的电子环比较稳定，不能继续断裂。聚变则可能断裂了多种电子环，从而以还没有断裂的电子环形成新的物质，这种新的物质具有极高的稳定性，电子环不能继续断裂。

因此，裂变与聚变的区别就是断裂的电子环的数量，以及断裂的电子环因为种类的不同，释放出的自由电子的能量也可能不同。

5.4　热　　能

5.4.1　热水的本质

要想了解热水的本质，就必须了解水被加热的过程。加热水的方式有很多种，最常见的是用火或电加热水以及核能加热水。

1. 用火加热水

前面分析火焰本质的时候，我们已经知道燃烧的过程中物质内部电子环断裂以及飘浮在空气中的氧气分子中共有电子环断裂而释放出大量的自由粒子。当用火焰来对水加热的时候，大量的自由粒子会不断地撞击烧水的器皿，因此，烧水器皿内部的电子环中电子密度会首先升高，并且原子核的振荡幅度也会不断增大。器皿内电子环中电子密度升高意味着其散失电子的速度也加快了，因此，当器皿外部被加热的时候，器皿内部（外部）散失的电子中会有一部分进入水中，同时，器皿内部也会通过与水分子之间的电子环向水中传递大量的电子。所以，最终的结果就是水分子中电子环内电子密度不断升高，水分子的振荡幅度也不断增大。

2. 用电加热水

用电加热水比较复杂。要想用电加热水，首先就必须释放出电流中的电子。当电子在共有电子环链中运动的时候，如果某些原子核对电子的束缚力不足，那么通过共有电子环链运动到这些原子核处的电子就会因为受到原子核的束缚力不足而散射到空间内，成为自由粒子。我们用来加热的电阻丝的原子核就属于这类原子核，虽然其可以与导线形成共有电子环链，但是其对电流中的电子束缚范围有限。当电子沿着导线内的共有电子环链到达导线与电阻丝的交界处并试图继续沿着共有电子环链进入电阻丝内部时，不能被电阻丝内的原子核束缚住，此时电子就会脱离原子核的束缚，散射到空间内成为自由粒子。

3. 用核能加热水

讨论核能的时候我们已经知道，核能中释放的也是自由粒子，其与用火焰和电加热水没有任何本质区别，唯一的区别就是释放出的自由粒子的数量以及种类。所以，用核能加热水，也依靠核反应中释放的自由粒子的撞击作用。

5.4.2 热水的意义

通过分析用火和电以及核能加热水的过程可以看出，不管用什么方式加热水，最终结果都会导致水分子的振荡幅度增加，水分子内电子环中电子密度增大。这两个结果在不同的水加热方式中都是一样的。

当水中电子环内电子密度增加的时候，其散失电子的速度也会增加，混杂在水中的物质则会因为受到大量自由电子的撞击而导致物质内部的电子环断裂。对食物来说，内部电子环的断裂意味着食物的分解；对微生物来说，内部电子环的断裂意味着解体，也就是死亡。所以，热水对人类的进化起着非常重要的作用，食物被热水分解后再被食用，则可以降低人体在分解食物的时候消耗的能量，这在人类食物匮乏的时候可以说是人类活下去的重要保障；另外，微生物的解体则意味着各种微生物对人体危害的减少。

5.4.3 热水烫皮肤起泡的原因

当我们的皮肤接触到热水时，皮肤中的原子核会试图与水分子之间形成共有电子环。如果温度相当，那么双向通过共有电子环传递的电子数量总体来说是趋于平衡的，此时我们感觉不到水热。如果热水的温度很高，那么双向通过共有电子环传递的电子数量会出现很大的落差，热水会瞬间通过共有电子环向皮肤传递大量电子，电子环内电子密度的瞬间增加会让原子核的受力出现不均，从而加剧原子核的振荡，并且通过电子环传递的大量电子还有一部分可能脱离原子核的束缚，从而对原子核或电子环进行撞击；同时，热水的表面也在快速向空间内散射自由电子，这也会对皮肤内的原子核和电子环产生撞击作用力。皮肤内原子核的振荡幅度一旦过大，就会导致皮肤内脆弱的电子环瞬间断裂，此时意味着皮肤组织遭到破坏。

皮肤表皮内分布有大量的神经末梢和神经元，当皮肤被烫时，作为皮肤一部分的神经末梢和神经元中的电子环和原子核也会因为受到大量电子的撞击而遭到破坏，神经元或神经末梢会把这种破坏进行信号处理后向上传导到作为神经中枢的大脑，提醒大脑现在皮肤组织正在遭到破坏。

皮肤烫伤的典型症状就是皮肤内的电子环中的电子密度增高，人体免疫系统检测到这一现象后通过向受到烫伤的区域传递大量水分子，来中和受伤区域内的电子密度，根据受伤情况，免疫系统用来中和电子密度的水分子数量也会不同，如果烫伤程度较轻，那么用来中和电子密度的水分子会及时被体液稀释，或跟随血液流动向身体其他部位输送；如果受伤程度很重，则短时间内就会有大量的水分子被运送到受伤区域，水分子得不到及时稀释或被运送走，则会在受伤区域堆积，因此，当皮肤受到烫伤后，如果烫伤严重，受伤区域会出现水泡。

5.5 电　　能

5.5.1 电压

前面探讨光电效应的时候已经知道，光电效应板内的电子密度在光照足够的情况下是不断上升的，直到光电效应板捕获的光子与同时失去的电子数量基本持平，我们认为此时光电效应板达到饱和状态，光电效应板内电子密度达到最高值。而正常情况下，我们的零线和地线内的电子密度都是一个很低的数值（相对来说），因此，电压为电子密度的差异。

5.5.2 电流

无论是导线还是用电设备，正常情况下都是与地线连通的，因此，没有接通电源开关的时候，用电设备和导线内的电子密度都与地线持平。当电源开关接通的瞬间，因为电子密度的差异，大量的电子会从电源出发沿着导线内的共有电子环链向用电设备流动，因此，电流为由电子密度差异导致的电子密度中和过程中的电子流动。

5.5.3 电能的利用

根据电能的利用方式，大致可以分为三类：

第一类：电能转化为光能。通过对光电效应的分析我们已经知道，光子被光电效应板捕获后是以光电子的身份存储在光电效应板内的，由于各种原因光电子再次脱离原子核的束缚成为自由电子的时候会再次转变为光子，这个过程就是电能与光能的转化。

那么现在摆在我们面前的问题就是如何提高电能与光能的转化率。我们已经知道电子环是组成物质的基础结构，而光电子只有脱离了原子核的束缚成为自由电子，才能再次转变为光子，因此如何选择电子环的结构，才能最大限度地释放光电子呢？通过分析可知，改变原子核对电子的束缚力，或者增加电流中的电子密度可以增大电子成为自由电子的机会。增大电子环中电子的密度会增大电子的互相撞击概率，而电子之间的相互撞击是电子脱离原子核束缚的一个重要原因（人体辐射的根本原因）；而要通过改变原子核对电子束缚力的方式来达到释放电子的目的比较困难，主要原因是人类到目前为止对各种原子核的电子环构造还没有清晰的认知。以前人们为了找到合适的灯丝而测试了各种能想到的物质，其实就是间接地选择满足对光电子的束缚范围最合理的原子核。这类物质必须具有两个特性：一是物质内部必须具有交叉立体的电子环存在；二是物质内部必须具有连续的电子环链。这两个条件缺一不可，在物质大量散失电子的时候，物质内部的原子核和电子环都会受到散失的自由电子的撞击，如果没有交叉立体的电子环结构，物质内部的原子核在受到自由电子撞击的时候就会不稳固，结果就是物质很容易因为内部电子环断裂而分解；如果物质内部没有连续的电子环链，那么物质内部就不会有电流存在，也就没有了散失电子的机会。

第二类：电能转化为热能。通过分析火焰以及热水中的能量，我们已经清楚热能的本质。所谓的热能，最终也是粒子的撞击运动，因此电能转化为热能与电能转化为光能的机理一致。所以，最终电能与热能的转化问题也就转变成为人们选择材料的问题。

第三类：电能转化为电磁能。电能转化为电磁能比较难以理解，这其实是由我们对电磁的认知导致的。到目前为止，人们还认为电子具有波动性，这极大地限制了人们的想象力。但是前面我们讨论光的衍射实验的时候已经知道，光子就是粒子，没有波动性。而光子与电子之间没有本质的区别，它们都是粒子，它们之间唯一的区别就是粒子动量大小范围的问题。如果我们理解了光和电磁都是粒子的运动，那么电磁能也许就好理解得多。如果电磁能也是粒子的运动，那么电磁能同电热能的原理是类似的。只不过当使用的材料不同时，其散射出的粒子动量大小范围可能会不同。

电磁炉利用了粒子的撞击，使被加热的物体的原子核获得过量的电子，以及被撞击。磁悬浮也是利用粒子的撞击，强大的粒子流撞击到磁悬浮列车上，从而产生向上的托举力。电动机也是利用粒子的撞击，电动机内的线圈同时向同一个力矩方向散射自由电子，自由电子再撞击到转子上，从而推断转子转动。

5.5.4 电磁波原理

电磁波的理论已经非常成熟，并且被人们广泛接受，那么电磁波到底是如何工作的呢？回答这个问题前，我们必须清楚，电子只是粒子，不是波，因此，我们不能再用波的概念来解释电磁波中电子的运动了。我们要转换思维方式用粒子的概念来理解电磁波中电子的运动。

在电磁波发射器中，人们设计了特定的芯片，通过选择原子核的种类与搭配来设计共有电子环链的种类，按照固定的频率不间断地向共有电子环链中释放电流，当电流到达发射器中的特定芯片时，电流中的特定电子因为不能被芯片内的原子核束缚而被释放，这些按照固定频率被释放的电子，会以发射器芯片为中心，以球面的形式向外扩散，因为频率固定，并且电子的速度也一致，因此，每一波新发射出的电子与前一波发射的电子之间的距离都相同，也就是说电磁波中的电子是以球面嵌套的形式向外扩散的，每相邻的两个球面之间的半径差都相同，如图 5-2 所示。

我们的接收器端同样设计了与发射器对应的特定芯片，不但接收电子的频率与发射器发射电子的频率相同，而且接收电子的范围与发射器端发射的电子的范围也相同，然后用接收到的电子形成电流，再根据事先约定好的规则把这些电流转化为相对应的信号即完成了电磁波的接收。

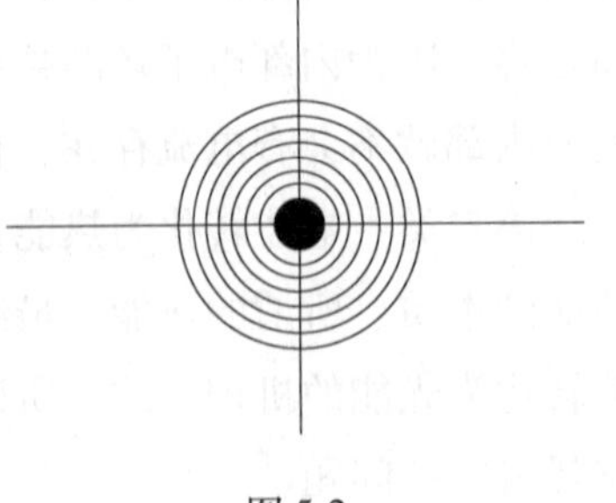

图 5-2

5.5.5 雷达波原理

雷达波虽然很神秘，并且被定义为高度机密，但其实雷达波的发射原理与电磁波的原理都是一样的，它们唯一的区别就是发射器所发射的电子的范围与接收器所接收的电子的范围不同。

电磁波中发射的电子范围是固定的，并且是单一值，而且其范围值是公开的，人们可以依据约定和公开的材料设计接收端。比如我要发射的电子动量大小是50X，并且频率是10000，那么我们只要设计一个接收频率是10000，并且接收的电子动量大小也是50X的接收器就可以了。

雷达波中发射的电子范围是一个范围值，因此，一个雷达的发射器中可能包括数个发射单元，每个发射单元发射的电子动量大小都不相同，或者干脆设计一个可以发射混合电子的单一发射器，总之，只要发射的电子不是单一值就可以。所以，我们经常会听说什么X波段、S波段等的说法。其中的X或S就不是一个固定值，而是一个范围值，比如X波段发射的电子动量大小范围为10～10000X；S波段发射的电子动量大小范围是10～100S等。

雷达还有一个功能就是在发射某个波段的电子的同时，还能接收与发射波段对应的电子。如果被侦察的物体反射了该雷达所发射波段中的电子，那么雷达的接收器就能接收到相对应的电子，雷达根据接收电子的反射角度和面积对物体进行识别和辨认。

为了减少对雷达发射电子的反射，需要隐身的物体就要使用特殊的材料，所使用的材料中的原子核所能束缚的由各种雷达发射的电子的范围越大，则隐身效果越好。所以隐身材料一般都使用混合材料制作。比如我们说某种飞机在X波段雷达扫描下是隐身的，那么就意味着该飞机的涂层可以吸收（被原子核束缚）X波段雷达发射范围内的所有电子；如果我们说某种飞机在X波段和S波段雷达扫描下都是隐身的，那么就意味着该飞机使用的涂层可以吸收（被原子核束缚）X波段和S波段雷达发射的所有范围内的电子。雷达发射的电子被隐身物体吸收（束缚）得越多，则反射的电子越少，那么被雷达发现的可能性就越小。

既然雷达的技术是公开的，那么为什么还很难被仿制呢？其中的关键就在于制造雷达和飞机涂层的材料。如果某种飞机使用了不知名的材料涂层，可以束缚所有现有雷达发射的电子，那么该飞机就不会被现有的任何雷达扫描到。所以，现代军事科技的代差大多体现在材料的稀有程度上。

5.5.6 量子通信原理

“量子”现在是一个非常时髦的词语，但也是一个存在争议的词语。

量子通信与电磁波都是电子的散射现象，并没有本质的区别，只不过电磁波是以电磁波发射器为中心进行全方位散射式数据传输；量子通信是以量子通信发射器为起点进行点对点的定向数据传输。另外，电磁波中散射的电子的动量大小范围和量子通信中使用的电子动量大小范围也可能不同。

量子通信之所以被认为与电磁波有区别，根本原因是现代原子模型理论存在错误之处。现代原子模型理论认为电子都是一样的，没有区别，因此认为量子通信中的量子和电磁波中的电子不一样。

至于量子纠缠通信，个人认为实现的可能性为零，因为下列问题都难以解决：

（1）如何控制两个电子单独出现？

（2）两个电子纠缠的过程中是否需要第三方的电子参与？如果需要，那么根据动量守恒，纠缠后的三个电子的动量如何分配？

（3）两个纠缠的电子之间是什么关系？

（4）如何分开两个纠缠的电子？是否需要第三方的电子参与？如果需要，那么根据动量守恒定律，分开后的三个电子的动量如何分配？

（5）如何判断两个电子进行了纠缠？判断的过程中是否会对电子的纠缠状态产生影响？

（6）如何判断纠缠在一起的两个电子已经分开了？

（7）如何标记电子？

6 温　　度

6.1 温度的本质

6.1.1 温度的定义

根据我们对能量的分析，我们所接触到的所有的能够被我们所利用的能量，其本质都是电子类粒子的运动，因此温度的本质必然与粒子的运动有关。

我们重新定义温度：单位体积空间内自由粒子的密度。单位体积空间内自由粒子的密度越大，则温度越高；反之，自由粒子的密度越小，则温度越低（注意：自由粒子泛指所有运动的粒子，因此，粒子的动量大小应当大于0）。

现代物理理论认为：温度是物体的分子平均动能的一种度量方式，也就是用摄氏度、华氏度、开尔文等热学计量单位来表达物体的分子平均动能。理论中物体分子的动能应当就是原子核振荡幅度的描述。但是这个温度定义是受限的，例如真空中如果没有分子，甚至原子类粒子都不存在，那么我们如何用现代温度定义去衡量。

6.1.2 电子、原子核与温度的关系

我们衡量一个物体的温度的时候，其实我们所测得的是这个物体向外散射粒子的能力。物体散射粒子的能力与电子环中电子的密度、原子核的振荡幅度紧密相关，这是因为原子核的振荡幅度会影响到其所束缚的电子环中的电子的受力变化。如果电子受到来自原子核的束缚力时刻都在变化，那么电子的运动轨迹就会出现不可测性，如果所有的电子轨迹都具有强烈的不可测性，那么就会增加电子之间的相互撞击概率。电子之间的撞击可以让电子脱离原子核束缚，然后成为自由粒子的概率大大增加；同时，电子运动轨迹的巨大变化，也会让电子脱离原子核束缚力的概率增加。因此，原子核的振荡幅度越大，则电子脱离原子核束缚力的概率越大。同样地，如果电子环中电子密度增高，那么电子之间相互撞击的概率就会增大，因此，电子环内的电子密度也是衡量温度的重要因素。

目前所使用的提高温度的办法有很多，一般都是通过向空间内散射自由粒子的方式来实现的。例如：用火焰加热水的过程中，火焰在不断地向外散射自由粒子；用电加热水的过程也是，电流通过特定的电子环链的时候，由于电子受到的束缚力发生变化而向外散射电子；核能更直接，只能用向水中散射自由粒子的方式来把水汽化。

目前所使用的降低温度的办法也有很多，大多数是通过采用传导的方式，比如通过热的良导体来导热，其实质就是通过导体来吸收空间内的自由粒子，然后传导到空间内粒子密度低的区域，如此循环往复。

目前所使用的保温办法也有很多种，在缺少热源的情况下，隔绝法是最常见的方法，比如我们冬天穿的棉衣，就是因为棉花是热的不良导体，因此由身体散失的电子很难通过棉花传递出去。

6.2 温度计原理

6.2.1 水银原子核的属性

水银能在常温下保持液态，说明水银原子核的活跃性比较高。最常见的可能就是水银原子核的动量大小比较大（速度不为零且比较高），并且共有电子环中的电子对原子核提供的束缚力不足，使水银原子核之间的共有电子环在持续地形成与断开；或者原子核之间一直存在共有电子环，却很脆弱，一旦原子核振荡幅度增大一点，共有电子环就有可能断裂。

水银能在常温下蒸发就预示着水银原子核之间的共有电子环断开了，并且水银原子核与空气中的其他原子核之间形成了共有电子环，因此，水银原子核可以在其与其他原子核形成的共有电子环的带动下进入空中飘浮。

水银虽然在常温下处于液态，但是体积很难被压缩，这说明水银原子核之间的共有电子环虽然不稳定，却时时刻刻都在断开与形成之中，并且断开与形成的频率极高，否则不会难以被压缩，而水银原子核之间依靠临时形成的共有电子环就可以获得对空间占位的支撑。

6.2.2 水银温度计（热胀冷缩）

温度表示的是单位体积空间内自由粒子的密度，因此温度越低，表示空间内的自由粒子数量越少，空间内的原子核受到来自自由粒子的撞击概率也就越低。

对水银温度计来说，温度低的时候，表示水银原子核受到空间内自由粒子的撞击概率也低，因此其振荡幅度相应地也越低；当温度上升的时候，水银原子核受到的撞击概率在增加，因此其振荡幅度随着撞击也在上升。水银原子核的振荡幅度越低，则表示原子核之间的共有电子环越稳固，而电子环越稳固，则表示原子核之间的位置变化越小，这也意味着原子核通过电子环的结合体的空间占位越小；反之，当原子核的振荡幅度增大的时候，原子核之间的电子环会变得不稳定，原子核与原子核之间的位置变化越明显，这意味着原子核通过电子环组成的结合体的空间占位的增加，也就是说体积的增加。

6.2.3　电子温度计

对红外温度计来说，它探测的是物体发射出的自由粒子的密度，确切地说是物体散失红外线粒子的密度。红外线粒子被原子核捕获后，在共有电子环链中的流动形成电流，然后根据形成电流的大小来判断温度的高低。

对大多数的物体来说，物体内部的共有电子环中都会包括红外线粒子，而电子环中粒子散失的概率相差不大，因此只要探测到红外线粒子的密度，也就间接地测得了其他粒子的密度。

如果构成物体的电子环中不包括红外线粒子，那么红外线温度计就不能正确地反映该物体的温度。很明显地球上的绝大多数物体都可以束缚一定的红外线粒子作为其电子环中电子的一部分，所以红外线温度计才能在绝大多数的场合下使用。

6.3　热辐射

6.3.1　热辐射的本质

地球上的所有物体都是原子核之间通过共有电子环形成的，而电子环中的电子由于各种原因时刻都可能脱离原子核的束缚，从而成为散射到空间内的自由粒子，因此，热辐射的本质就是构成物体的电子环中电子的散失现象。

6.3.2　影响热辐射的因素

电子环中电子的密度和原子核的振荡幅度是影响电子环中电子散失速度的两个重要因素。电子环中电子密度越大，则电子之间相互撞击的概率越大，而撞击的结果是不可预料的，因此，电子环中电子密度越大，则电子环散失电子的速度越快；原子核的振荡幅度越大，则电子环中电子受到来自原子核的束缚力变化频率越快，电子环中的电子因为受力变化脱离原子核的概率越高。

6.3.3 热辐射交换

电子环中的电子因为各种原因散失的同时，原子核也在不断地捕获新的电子补充到电子环中。此外，物体之间的共有电子环也是热交换的重要途径，任何物体互相接触，它们之间都会试图形成共有电子环，只要有共有电子环形成，就会有电子的交换。无论是木头、人体，还是铁块、布艺等，只要相互接触，电子就会在这些物质之间传递，即使是空气分子，当它从铁块表面飞过的时候，也会发生电子的传递，因此当时间足够长时，物质的温度总是会与它存在的环境的温度一致或相近，其实就是物体失去电子的速度与从外界获得电子的速度接近或一致（其本质是外界自由散射粒子的密度与物体所散射出的粒子密度也接近或一致）。

一个物体如果处于一个低温的环境中（周围环境中自由散射粒子的密度低于物体本身所散射出的粒子密度），则原子核的振荡无法从外界获得足够的撞击作用力，同时，原子核获得电子的概率要低于失去电子的概率，因此，随着时间的推移，原子核的振荡幅度会在电子环作用力的影响下慢慢衰减，直到到达一个平衡状态。

一个物体如果处于一个高温的环境中，则原子核失去电子的概率低于原子核获得电子的概率，因此，随着时间的推移，原子核的振荡幅度会因为电子密度的增加而加强，直到物体失去电子的速度和得到电子的速度相当，同样也达到一个平衡状态。

影响物体内外热交换的因素有多方面，最主要的是物体内部是否有连续的共有电子环链，以及这种共有电子环链的稳定性。如果物体内部原子核之间有连续的共有电子环链，并且这些电子环链在温度很高的情况下依然保持很高的稳定性，那么代表温度高低的粒子就可以借助物体内部的共有电子环链进行快速传递；反之，物体内外就不能进行电子的快速传递，只能通过电子环中电子的得失来慢慢传递。

6.4 绝对零度

6.4.1 绝对零度的定义

现代理论中定义绝对零度为物体内部动势能为零时的温度。

我们重新定义了温度，因此绝对零度的概念也需要更改，既然温度表示的是单位体积空间内自由粒子（地球上一般指电子类粒子）的密度，那么绝对零度只能是单位体积空间内自由粒子密度为零时的温度。因此，理论上定义绝对零度：如果一个区域内的自由粒子密度为零，那么该区域的温度为绝对零度。

6.4.2 绝对零度的现实意义

按照新的定义，我们无法在宇宙的任何地方找到符合绝对零度定义的空间或物体（当然，我们可以认为在距离我们无限远的地方存在这样的一片区域，该区域内不存在宇宙微波背景辐射粒子，但它也仅仅是暂时的，因为时间是无限的，总有一天它会充满基本物质，而存在基本物质粒子，就存在基本物质因为撞击并发生形变，然后聚合成更大粒子的概率）。因为，即使存在这样的一片区域，里面没有任何的多原子核物质，它依然充满了各种粒子，宇宙微波背景辐射的存在就很好地说明了这点。

任何由多个原子核组成的物质，都存在共有电子环，只要有共有电子环，电子环中的电子就存在因为各种原因脱离宿主原子核，或者电子之间互相撞击，而散射自由粒子的概率。因此，在多原子核物体存在的空间内，即使没有宇宙微波背景辐射粒子等粒子，它也会有自由粒子散射。而只要有自由粒子散射，我们就无法定义该区域为绝对零度，所以，理论上，我们是无法通过任何途径获得绝对零度的空间或物体。

我们现在的科学实验以及现实应用中，有很多时候需要超低的温度，而且很多时候温度越低越好，但是现实条件限定了我们的能力，我们永远都不可能达到绝对零度的要求。即使我们能够制造质量无限大的物体以阻挡基本物质的撞击，从而制造一个基本没有物质粒子以及宇宙微波背景辐射粒子的空间，我们仍然无法阻止该物体本身散射出自由粒子，因此，绝对零度将永远停留在理论上。

既然我们永远都无法达到绝对零度，那么这样定义是毫无意义的。因此，我们应当修改这个定义：当一个空间内自由粒子的密度为宇宙微波背景辐射粒子平均密度的时候，我们认为此时的温度为绝对零度。

我们的低温要求往往都伴随着物体的存在，否则低温对我们就没有意义。而为了达到我们要求的温度，除了尽可能地降低空间内自由粒子的密度外，我们唯一能做的就是寻找合适的材料，或者说寻找合适的原子核。该原子核满足这样的条件：结构足够对称（之所以说是对称，是因为只有对称的结构，才满足电子环横切面半径最小的要求）；电子密度足够小；原子核的大小和体积都足够相似。当一个物体的原子核满足这三个条件时，我们认为该物体可以当作制造超低温物体的材料。

6.5 空调压缩机的工作原理

6.5.1 压缩机的工作原理

既然温度表示的是单位体积空间内自由粒子的密度，那么当温度升高的时候，空间内自由粒子的密度必然上升，因此，要想降温，就必须降低空间内自由粒子的密度。

在空调压缩机工作的过程中，热量通过两种方式进行传导：

1. 通过共有电子环方式传导

当低温制冷剂通过室内机的散热片时会与散热片之间形成临时共有电子环，散热片中的电子环会通过临时共有电子环与制冷剂中的电子环进行电子密度的中和（热量的传导）。原子核吸收了（束缚了）室内热量（自由粒子或空气分子中的电子）的制冷剂进入室外机的压缩机内被压缩，然后被压缩成为高温高压的液态制冷剂进入室外机的散热片中，由于此时的制冷剂是液态的，所以可以最大限度地与散热片接触并最大限度地形成共有电子环，存在于制冷剂电子环中的电子会迅速通过共有电子环与散热片中的电子环进行电子密度中和；在散热片的外面则是快速通过的气体，气体分子在通过散热片并与散热片接触的瞬间，会与散热片之间形成临时共有电子环，因为电子的速度足够快，所以，虽然共有电子环只是瞬间形成并立即又断开，却已经足以让散热片与空气分子进行电子密度的中和了，进行了电子密度中和后的气体又会迅速离开。然后循环往复，室内空间内的自由粒子（或空气分子中的电子）不断地通过制冷剂这个中间介质以共有电子环的方式传导到外界快速通过的空气分子中。

2. 通过自由散射方式传导

高温高压的制冷剂在通过室外机的散热片时，由于高温下原子核的振荡幅度增大，因此，其电子环中的电子在受力变化增大的情况下，散失的速度也在加快。由制冷剂电子环中散失的自由粒子会有大部分进入散热片的电子环中；同时，散热片中高速振荡的原子核所束缚的电子环也会通过散射的方式向空间内散射自由粒子。这样会有相对一部分热量（自由粒子）通过散射的方式进入制冷剂中，然后通过散射的方式从制冷剂中进入散热片中，最后又通过散射的方式从散热片中进入空气中。

6.5.2 制冷剂的选择

对空调来说，选择合适的制冷剂以及散热片是其是否可以有效制冷的关键。

制冷剂要想最大限度地吸收空气分子中的电子，那么构成制冷剂的原子核必须最大限度地束缚空间内的自由粒子以及空气分子中的电子，或者说构成制冷剂的原子核必须与空气分子中的原子核所能束缚的电子具有最大的交集；同理，组成散热片物质的原子核的电子环也必须与制冷剂中原子核的电子环具有最大的交集，同时也与空气分子中的电子环具有最大交集，这样才能保证制冷剂与散热片最大限度地进行电子的快速交换。

7 磁本质的探讨

7.1 磁性的探讨

笔者查阅了各种相关档案，都没有找到磁场的合理解释。所有的解释看上去都被误导了，磁力线只是为了容易理解而被假设出来的，它并不存在，而磁感线是闭合的线圈，更是一种假象。就像我们在温度一章中的描述一样，没有正确的基础理论，我们就不可能得出正确的磁场理论。要了理解磁场的运动方式，我们首先要明确一点，那就是宇宙中的一切运动都是粒子的运动。如果这种运动不是由有生命迹象的物体主动或被动产生的，那么它就是最简单的粒子的直线飞行运动。如果飞行过程中遇到了其他粒子，那么就是粒子的撞击运动。磁场的运动也必然是粒子之间的直线飞行与撞击的运动。只不过这种粒子的撞击运动和原子核的运动状态和自旋有密切的关系。如果要弄清楚磁场中的粒子到底做了哪些直线飞行与撞击的运动，我们第一步要做的就是了解天然磁铁的原子核本质。

7.2 磁铁的排斥及相吸

讨论这个问题前，我们有一点必须达成共识：宇宙之间不存在相吸的作用力，任何看上去类似 A 吸引 B 这种互相吸引的现象，都是因为双方受到了反方向的撞击作用力的缘故；同时，宇宙中的任何非主动运动（只有生命体可以进行主动运动）均是粒子运动的某种体现。

假设物体 A 和物体 B 之间的距离为 x，然后两个物体孤零零地存在于宇宙中，没有其他任何多原子核物体会对它们施加任何的影响力。此时它们之间所有的关系均来自基本物质的撞击压力差。如果此时没有别的复杂情况发生，且不存在基本物质的穿透情况，那么它们之间的作用力关系符合宇宙中的基本物质撞击压力差公式，且假设公式的结果为 f_1。假如在某一个时刻，组成 A 和 B 的原子核都开始向外喷射自由粒子，很明显这些喷射出的自由粒子在撞击到物体 A 和 B

后，会对A和B产生压力f_2。如果$|f_1|>|f_2|$，则物体A和B会向一起靠拢，表现出相吸；如果$|f_1|<|f_2|$，则物体A和B会向相反的方向运动，此时表现出来的是相斥。因此，天然磁体相吸或相斥的作用力，是由它们之间喷射出的自由粒子的密度以及自由粒子的喷射方向决定的。

天然磁铁存在两极，当A、B两块天然磁铁相对时，如果两极同为N或同为S，则它们之间表现出相斥；如果两极分别为N、S，则它们之间表现为相吸。对同一块磁铁来说，要达到这种效果，它的原子核可能存在下列特性：

（1）组成天然磁铁的原子核具有复杂的空腔结构，在原子核形成的过程中或形成后，空腔内聚积了大量的粒子，这些粒子在进入空腔的那一刻就不停地撞击空腔的内壁，直到某一刻它再次从空腔内飞出，或者它嵌入空腔的内壁上，永久成为原子核的一部分。也就是说磁铁时刻都在向外散射自由粒子。

（2）原子核在某种情况下会发生自旋或停止自旋，但原子核的自旋并不是随机开始或停止的，而是在某种情况下才会发生，例如某种粒子撞击后。同时，这种自旋也不一定是360°的，而可能只在一定的角度内自旋。

（3）原子核具有规则的结构，即使原子核发生了自旋，也不会对原子核之间的共有电子环产生影响，或者影响可以小到忽略不计。

（4）磁铁本身散射出的粒子不在类电子粒子范围内，因此组成磁铁的原子核无法捕获这些粒子，并使用这些粒子形成共有电子环。

（5）原子核最少有两个电子环，至少其中一个电子环之间的作用力很微弱，也就是说这个电子环只要从外部获得很少的类电子类粒子，就可以马上形成共有电子环。当外部不存在类电子粒子散射源时，这些电子环可以马上断开。

如果天然磁铁的原子核满足上述特点，则当只有一块磁铁时，其内部的所有原子核的粒子散射方向可能是随机的，也就是说，此时的磁铁可以向任意方向散射粒子。假设此时有一块铁靠近该磁铁，由于铁原子核和磁铁原子核的结构基本相似，因此它们所能束缚的电子的动量大小范围存在很大的交集，而无论是铁原子核还是磁铁原子核，时刻都在向外散射粒子。磁铁和铁块中的原子核在捕获从对方散射出的粒子后，会在某些部位形成临时电子环，这些临时电子环只有当外部存在持续的散射粒子源时才会持续存在，外部的自由粒子源一旦消失，这些临时电子环会立即断开。这些电子环虽然是临时的，但是一旦形成，原子核的自转就会受到这些电子环的约束，使其散射出的粒子的方向发生改变。如果散射粒子的方向是向着另一个粒子散射源（两块磁铁同极相对），则此时表现出相斥；如果散射粒子的方向与另一个粒子散射源位置反向，则此时表现出相吸。

8 物质属性

8.1 硬度及韧性

8.1.1 撞击过程分析

为了理解硬度，现在我们先分析撞击的瞬间都发生了什么。

假设有 A、B 两物体，A 物体以一定的速度撞击静止状态的物体 B，撞击的一瞬间，物体的表面互相接触，无论两种物质是否相同，当距离足够近的时候，它们之间首先会试图形成共有电子环，此时有两种可能：一是两种物质的电子环半径存在交集；二是两种物体的电子环半径没有交集。

如果两种物质的电子环之间没有交集，经过分析可知，电子轨道半径大的 B 物体的电子环中的电子会首先受到对方原子核的影响，如图 5-1 所示。

很明显，图 5-1 中的两个原子核在靠近的过程中，由于原子核 O_2的电子环中的电子轨道半径要大于原子核 O_1的电子环中的电子轨道半径，因此原子核 O_2的电子环中的电子会首先受到原子核 O_1的影响而改变轨迹，如果原子核 O_1无法束缚这些来自原子核 O_2的电子，那么这些来自原子核 O_2电子环中的电子会以发散的方式散射出去，从而成为自由的电子。然而原子核 O_2是依靠电子环中的电子束缚力与其他原子核结合到一起的，如果电子环中的电子失去得过多，则原子核 O_2不能从其与其他原子核之间的共有电子环中获得足够的电子束缚力，那么 O_2则会挣脱共有电子环中剩余电子的束缚力而成为自由的原子核。失去原子核意味着物体遭到了破坏。因此电子环轨道半径大的物体，大概率会首先遭到破坏。

对具有较小电子环轨道半径的物体 A 的碰撞结果就要具体情况具体分析了。B 物体在电子环断裂的时候释放出的自由粒子可能会撞击 A 物体中的电子环以及原子核，这会导致 A 物体电子环中的电子脱离原子核的束缚，同时 A 物体的原子核也会因为受到撞击而导致振荡幅度增大，这些都可能会让 A 物体的电子环也断裂；同时，B 物体因破坏释放出的自由原子核也可能会因为惯性而撞击向 A 物体，那么 A 物体电子环中的电子可能会因为 B 物体原子核的靠近而摆脱原子核的束缚，从而导致 A 物体电子环中电子的束缚力不足而使电子环断裂。

如果撞击的瞬间有大量的电子环在接触后断裂，那么电子环断裂后释放出的自由粒子和自由原子核就会对还没有断裂的电子环和原子核产生影响，因此，有的撞击过程中会伴随剧烈的爆炸，其本质就是因为撞击过程中释放的自由粒子再次撞击还没有断裂的电子环而产生的连锁反应；如果释放出的自由粒子包括光电子，那么我们就会看到撞击过程中的发光现象。

当然，并不是所有的撞击瞬间都会有电子环的断裂发生。如果两种物质的电子环存在交集，则说明两种物质的电子轨道半径相似。假如 A 物体在慢慢地进行横向运动，在运动的道路上遇到静止的 B 物体，在接触的瞬间，双方的电子环交集中的电子都试图与对方形成共有电子环，形成共有电子环后，A、B 物体形成一个整体（绝大多数情况下，由于物质构造的原因，其表面的原子核并不是整齐有序排列的，因此接触的瞬间，只有极少数的原子核之间会形成共有电子环，所以并不是完全形成整体。这是因为我们的切割技术并不能保证所有的原子核都在一个平面上，而原子核对形成共有电子环的距离要求都是一致的，或者极度接近的；另外，物质组成时，其原子核的排列也不是整齐的，因此即使我们的切割技术很好，也不能保证切割面的原子核位置的一致性），在接触并部分形成共有电子环之后，A 物体继续向 B 物体的方向移动，而它们之间已经结合的电子环会试图跟随 A 物体的运动一起移动，因此 A、B 物体结合处的原子核受到电子环位移的影响，也试图发生位移，并试图推动整个 B 物体跟随 A 物体一起进行横向运动。

8.1.2 硬度根源分析

任何物质内部都是依靠共有电子环结合到一起的，因此电子环的具体构造决定了物质的大部分属性，其中就包括物质的硬度属性。

电子环影响物质硬度及韧性的因素包括两方面：

1. 电子环的结合方式和数量

如果只有一个电子环，那么很显然，其组成的物质一定是层状的。层状的电子环中的原子核在受到任何垂直于电子环方向的外力时，原子核的位置都会试图发生变化，唯一可以阻止其发生变化的是来自其他电子环的横向拉力。很显然，这种横向拉力在来自垂直于共有电子环方向的压力下是非常脆弱的。

如果有两个或两个以上的电子环，那么就会存在多种可能。多个电子环之间可能是平行的，也可能是交叉的，或者电子环没有平行，也没有交叉，而是有一定的夹角。但是无论哪种可能，只要支持原子核之间形成交叉立体结构的电子环，那么原子核之间的关系就可能会很稳定。

例如，水分子是典型的单电子环结构，按照我们的推断，单电子环的原子核之间很难维持固态的结构，即使是液态应当也难以维持，可事实是水在地球上无处不在，并且液态和固态的形式都有。那么问题出在哪里呢？我们前面已经分析过，水之所以成为生命之水，最主要的原因就是水分子的振荡，这个振荡是无法控制的，也是不可避免的。普通情况下，任意时刻，只要电子环中的电子密度足够，水分子的振荡所产生的动量大小就足以抵抗水分子之间共有电子环所产生的束缚力，因此即使水分子之间形成共有电子环，也会瞬间断开，但如果是所有的水分子，或者绝大多数的水分子，在任意时刻都在做同样的事情，那么也就意味着绝大多数的水分子之间，在任意时刻都在做着同样的动作，断开，再连接，再断开，再连接，无限地重复下去。这样，一方面水分子的振荡使水分子不至于重叠在一起；另一方面，它们之间这种时时刻刻的联系又使它们互相有了支撑。因此普通情况下以液态方式存在的水是难以被压缩的。

再如碳原子应当存在至少两个电子环，并且由于构造的原因，这些电子环的半径可能存在差异，这种差异体现在：有的电子环半径大，有的电子环半径小。当两个碳原子靠近时，会首先以半径大的电子环中的电子形成共有电子环；而半径小的电子环中的电子则无法形成共有电子环。因此在压力不足的情况下，碳原子之间会以半径较大的电子环形成杂乱无章的共有电子环结构。石墨的成因很可能如此。而当加大压力时，碳原子之间的距离被压缩，此时一个碳原子核可以通过半径较小的电子环与另一个碳原子核之间形成共有电子环；同时，这个原子核还可以以半径较大的电子环与第三个原子核之间形成共有电子环。假如所有的碳原子都以这种结构形成两个共有电子环，那么所有的原子核之间都获得相互交叉立体的电子环支撑，这样即使其中一个电子环因为某种原因而断裂，另一个电子环也可以继续支撑这个原子核。例如金刚石中的碳原子核之间应当就是这种结构，所以，金刚石表现出极大的硬度。

2. 电子环的半径长度、电子环中电子的密度以及电子环内径与外径的差异

两种不同的物质靠近时，电子环半径较大的物质的电子环中的电子在接触的过程中会首先受到对方原子核的影响，从前面的分析可知，这种影响的结果会改变电子的运动轨迹，而电子运动轨迹的改变会使它从宿主原子核获得的束缚力产生变化。如果电子获得的向心力不能满足其继续围绕原子核做圆周运动的需求，

电子就会脱离自己宿主原子核的束缚，而大量的电子环中的电子脱离宿主原子核的束缚的结果意味着电子环的断裂。如果这个电子环断裂的原子核与其他原子核之间的所有电子环都断裂了，原子核就会成为自由的原子核，这意味着这种物质的完整度已经遭到了破坏。电子环在断裂的过程中还会释放出大量的电子，这些自由的电子会对其他原子核产生撞击作用，这些撞击作用也会加剧受到撞击的原子核的振荡幅度。振荡幅度的增加，意味着原子核之间电子环断裂的可能性的增大。然而电子类粒子的撞击是无序的，因此，即使电子环半径短的一方没有因为原子核的靠近的影响而断开，它们也可能会因为受到各种粒子的撞击而断开。

电子环中的电子密度越大，则代表被束缚的原子核获得束缚力越大，因此，在环境相同的情况下，电子环中电子的密度越大表示电子环越稳定。

8.1.3 物质的刚性分析

所谓物质的刚性，是物质在受到撞击时所表现出来的传递撞击力的能力的特性。

物质在撞击中接触的瞬间，会试图形成共有电子环。对已经形成的共有电子环来说，当第一个原子核的位置发生移动的时候，同一时刻围绕该原子核运动的所有电子的受力都会发生变化，一部分电子会在原子核的束缚力变化下做相同的运动，而以接近光速运动的电子来说，这些电子在运动轨迹发生变化瞬间就移动到了第二个原子核的外围，试图继续围绕第二个原子核运动，但是运动轨迹已经发生了改变，因此第二个原子核受到电子环电子的束缚力也会相应发生变化，第二个原子核在变化的束缚力下试图沿着第一个原子核位移的延长线方向继续移动，于是如此循环往复，借助电子接近光速的运动，共有电子环链上所有的原子核都会试图发生相同的位移运动。

由于各种原因，在传递撞击作用力的原子核和电子的位移过程中，会出现电子的位移情况与原子核的位移情况不同步的现象。当这种不同步积累到一定程度时，电子会脱离原子核的束缚，成为自由电子散射而出。这些散射而出的电子如果数量足够多，那么附近的电子环都可能会因为受到撞击过多而断裂。

例如：大多数物体内的共有电子环链都不是呈现直线状的，可能会呈现各种各样的形状，甚至可能会呈现螺旋状或者圆圈状，还有可能在中间某处突然断开了。种种不可预料的情况都会让因为原子核的位移造成的电子运动轨迹的改变同样不可预料，这会导致各种突发情况发生。电子可能在运动轨迹改变后，后面突然没有了可以继续束缚这些改变了运动轨迹的电子的原子核，那么这些电子就可能在物体内部的某个位置突然成为自由粒子散射而出。如果自由粒子的数量巨大，则可以破坏物体内部的构造，因此有的时候，被撞击的物体表面上明明没有什么变化，但是物体内部却已出现了大量破坏。

经过分析可知，物体内部的原子核排列越规则，则其在传递撞击力的过程中，电子和原子核的位移同步的能力越强；反之，物体内部的原子核排列没有任何规律，在受到撞击的时候，原子核的位移很难与电子的位移产生同步，内部的电子环很容易就会因为位移不同步而断裂。金刚石和石墨应当是原子核规则排列的两个极端。金刚石内部不但有规则的原子核排列结构，还有交叉立体的电子环结构；石墨不但原子核排列没有任何规律可言，而且原子核之间可能只存在一个电子环。

8.1.4 物质的延展性分析

生活中我们经常会用到橡皮筋，那么什么样的原子核支持了橡皮筋的这种属性呢?

1. 电子环中电子的动量大小范围

现在，我们已经知道电子的动量大小有一个范围值，而同一个原子核的电子环中的电子的动量大小也不是固定的，它也有一个范围值。假如我们用一个铜环来形容电子环，那么很显然，在铜环的内外径上运行的电子的动量大小是不一致的，内外径的差异越大，代表这个原子核所束缚的电子的动量值范围越大；同时也意味着这种物质的原子核之间的活动范围也越大。

假设组成物质 A 的原子核的电子环的外径是 X_1，内径是 X_2，并且假设当前原子核之间的距离为 $2X_0$，且有 $X_1 \geqslant X_0 \geqslant X_2$。如果物质 A 保持完整，则两个原子核之间的距离必介于 $2X_1$ 与 $2X_2$ 之间。现在的问题是当原子核之间的距离变化时，电子环中的电子会发生怎样的变化? 很显然，当原子核之间的距离增大为 X_3，且有 $X_1 \geqslant X_3 \geqslant X_0 \geqslant X_2$ 时，轨道半径位于 X_4，且有 $X_3 > X_4 \geqslant X_0$ 之间的电子会暂时成为原子核的私有电子；反之，当原子核之间的距离缩小为 X_3，且有 $X_0 \geqslant X_3 \geqslant X_2$，则轨道半径位于 X_4，且有 $X_0 > X_4 \geqslant X_3$ 之间的电子会重新成为电子环中的共有电子。经过分析可知，如果原子核之间的距离一直在原子核共有电子环内外径之间发生变化，则原子核并没有失去或重新获得电子，电子只不过由私有变为共有，或由共有变为私有。因此，此时的物质并没有遭到破坏。

2. 原子核的相对位置

我们知道两个原子核 A 和 B 结合在一起的时候，假如原子核 A 的位置是固定的，那么另一个原子核 B 的位置可能在以原子核 A 为圆心，以原子核 A 和 B 的中心连线为半径的一个圆上的任意一点，如图 8-1 所示。

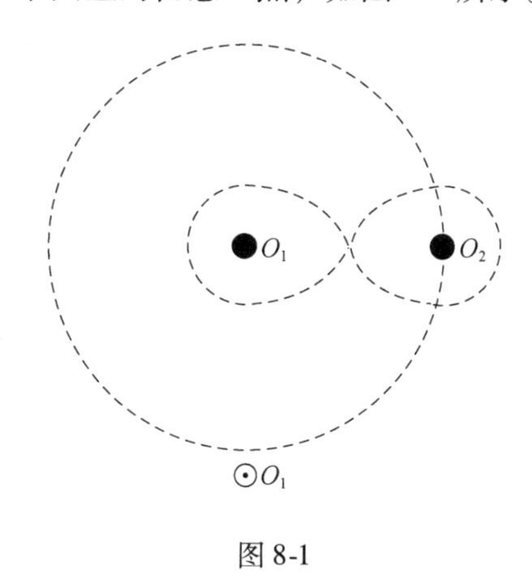

图 8-1

假如原子核 O_1是固定的，圆 1 是以 O_1为中心的一个圆，那么原子核 O_2的位置可能在圆 1 上任意一点的位置。

很多的物质分子在结合到一起的时候，如果两个分子之间只有一个电子环，那么两个分子的位置就如同两个原子核时的位置一样，一个分子可能会在一个 360°的圆圈上转动，即使这些分子组成了一个多分子的整体之后，其中的分子的位置依然可以在一定的范围内转动。

8.2 导电性分析

8.2.1 共有电子环链

一种物质如果能够导电，首先就需要电子能够在此物质内流动，而电子能够在物质内流动，就需要有一条满足电子流动的轨迹。通过前面的分析我们已经知道，如果一个原子核的电子不能与其他原子核形成共有电子环，那么这个原子核就不可能与其他原子核结合，而这也意味着这个原子核的电子不可能通过共有的方式成为其他原子核的电子。然而，如果我们不考虑其他粒子的撞击，那么与其他原子核共有电子将是电子摆脱宿主原子核的唯一方式，正是通过共有的方式，电子使自己的运动轨迹发生了改变。如果现在满足条件的原子核的数量不止两个，并且排成一列，那么一个电子就可以通过共有的方式，依次成为这一列原子核的共有电子，而这一列原子核所有共有的电子环连接了起来，我们称之为共有电子环链。

用导线传输电流的时候，我们主观上认为电子是直接从一端流动到另一端的，实际上这只是表象，无论原子核的数量多么巨大，形状、结构、完全一致的原子核几乎不存在，这是由组成原子核的基本物质的体积极度微小决定的，基本物质本身的大小和体积都存在一定的差异，而它们经过撞击发生形变后组成的更大微粒的差异则更大。因此，一般情况下，物体内部的原子核不是按照规则顺序排列的，原子核的差异是导致这种结果的主要原因，实际上原子核能够按照规则顺序排列的物质非常少，更多的原子核的排列充满了各种随意性。所以，物质内部的共有电子环链可能存在各种可能性，电子从一端流动到另一端，中间可能绕了无数的弯路，只不过因为电子的速度太快，我们根本无法感受到时间的迟滞而已。当然，无论电子绕了多少弯路，最终都必然从一端到达另一端，那么我们就可以认为该物体导电，否则就认为该物体不能导电。

8.2.2 电阻

影响物质导电性的因素有多种，现列举以下几种：

1. 电子环的位置

物质内部的共有电子环依据原子核的排列方式存在多种形式，其中最普遍的存在形式有三种：

第一种：原子核是顺序排列的，并且各个原子核之间的共有电子形成的电子环能够相连形成一条电子环链。这种相连的共有电子环链在物质内部可能是直线形式的，也可能是曲线形式的。如前所述，如果在这个共有电子环链中，电子可以顺利地从一端到达另一端，则我们认为这个物质是导电的；如果电子不能顺利地到达另外一端，那么表现出来的就是不导电，或者具有弱导电性。如果原子核顺序排列且电子环形成了一条电子环链，却不导电或具有弱导电性，那么可能的情况有两种：第一，电子环链在延续的过程中出现了偏差，其中的部分电子环的角度有偏差，偏差虽然很小，但可以积累，并且最终的弯曲形成了一个环。无论这个环闭合还是没有闭合，电子都只能在这个环内流动。如果导线两端中的任何一端没有位于这个环上，那么电子就无法从导线的一端到达另一端。第二，电子环内的电子密度过高，导致流入的电子的撞击概率增加，会使电子在没有到达另一端前，就全部或部分因为撞击而散失了，此外过高的电子密度会导致原子核的振荡幅度增加，这会增加电子流动中的不确定性。我们平常所说的，一般的物质在温度升高的时候，导电性变差，以及所谓的低温超导，就是这个原理。

石墨内部的碳原子只利用一个电子环和其他原子核之间形成了共有电子环，

因此，可以认为石墨内部所有的电子环半径都相似，所以石墨内部的原子核之间是可以形成共有电子环链的，也就是说，石墨可以导电。

第二种：原子核是交叉排列的，导致电子环都是交叉组合的。这种情况多发生在不同的原子核聚合的情况，并且原子核都有两个以上的电子环。由于电子环位置的原因，这些原子核只能交错排列聚合。无论哪种交错，都可能导致这些原子核的电子环无法形成足够导电需求的共有电子环链。

金刚石的内部原子核利用两个半径不同、位置不同的电子环，与其他原子核之间形成了交叉立体的电子环结构。这种半径长短不同的电子环之间很难形成共有电子环链，因此，其内部没有连续的共有电子环链，所以，金刚石的导电性极差，甚至可以认为其不导电。

橡胶棒和玻璃棒内部都是以复杂的分子结构存在的，而分子内部必然存在交叉立体的电子环结构，而分子之间可能只存在一个或两个共有电子环，这样即使A分子和B分子形成了共有电子环，但是A、B两个分子形成共有电子环的原子核与分子内其他原子核之间可能是交叉立体的电子环结构，并没有共有电子环链，也就是说A分子内的其他原子核并不能通过两个分子之间的共有电子环同B分子内的其他原子核之间传递电子，所以，橡胶棒和玻璃棒内部分子之间的导电性非常差，也就是说，橡胶棒和玻璃棒都是良好的绝缘体。

第三种：混乱且无序的排列方式，各种原子核混合在一起，各种动量大小的电子环交叉存在，这种物质内部只能依靠偶然来形成共有电子环链，因此其导电性就变得未知了。例如很多的物质是以分子结合的形式存在的，其中的每个分子都可以看作一个整体，而分子之间结合的共有电子环很可能与分子中的其他电子环都没有连接到一起，因此也就没有共有电子环链。

2. 电子环半径对导电性的影响

电子环的半径表明电子的动量大小范围，同时也表明原子核对电子的束缚能力的范围，而形成电流的电子应当是属于一个特定范围内的（取决于我们用来获取电流的物质），因此如果某种物质原子核的电子环半径与形成电流的电子的动量大小范围没有交集，或者交集的范围很小，那么即使该物质中的原子核是顺序排列且存在着连续的电子环链，我们也不能认为该物质就一定导电。

如果某种物质的原子核所能束缚的电子的范围是15~18X或者7~8X，而电流中的所有电子的动量大小范围都是10~12X，经过分析，可知电流中的电子的轨迹半径不足以支撑其在两个原子核之间形成共有关系，因此也就不能借助共有的关系运动到下一个原子核。此时该物质表现为不导电性。

如果某种物质的原子核所能束缚的电子的范围是 8 ~ 10X，那么可知此时该物质所能束缚的电子范围与电流电子存在交集 10X，因此，此时电流中具有动量大小 10X 的电子可以成功地在该物质内的电子环链中进行共有运动；而如果某种物质的原子核所能束缚的电子的范围是 12 ~ 15X，那么可知此时该物质所能束缚的电子范围与电流电子存在交集 12X，因此，此时电流中具有动量大小 12X 的电子可以成功地在该物质内的电子环链中进行共有运动。此时该物质可表现出弱导电性。

如果某种物质的原子核所能束缚的电子的范围是 8 ~ 12X 或者 10 ~ 15X，那么可知电流中的电子都可以在该物质内部流动。因此，此时该物质表现为强导电性。

通过以上分析可以看出，物质的导电性与原子核对电子的束缚力之间存在着紧密的联系，一种具有良好导电性的物质，其原子核的特性必然与我们用来产生电流的物质的原子核的特性大同小异，这样它们之间对电子的束缚范围才能存在最大的交集。而发电机往往具有铜线绕制的机芯，也就是说，电流中的电子应当是从铜材质中激发出来的，因此，现实生活中的铜线具有良好的导电性。

3. 电子环中电子密度对导电性的影响

电子在沿着电子环链中的原子核移动的过程中，是有概率撞击到电子环中的其他电子的，因此电子环中的电子密度越大，则电流电子因为撞击而脱离原子核束缚的概率就越大。这种因为撞击造成电流电子数量的减少一般被称为电损，在现实中减少电损是电量传输中的一个重要课题。

正常情况下，影响电子环中电子密度的因素主要是物体所处的环境，或者说是温度。温度的升高意味着环境中的粒子密度增大，这些自由的粒子会造成两种可能的结果：一是撞击物体中的电子和原子核，使物体内部原子核的振荡幅度增大，同时使电流中的电子因为撞击而损失的数量增多；二是这些粒子中的已有电子有可能会被物体的原子核束缚，而成为物体原子核的私有电子，然后增大电流中的电子在流动的过程中撞击其他电子的概率。因此，高温中的电子传输往往是不稳定的，而低温中的电子传输受到的干扰相对要少得多。

8.3 发光性分析

8.3.1 可见光的来源

对物体的发光，人们众说纷纭，目前为止还没有一种大众认可的说法可以让人们信服。造成这种局面的主要原因就是人们对物体的组成没有正确的认识。

通过前面的分析我们得出下列结论：

（1）原子核之间是通过共有电子环结合在一起的。

（2）电子的动量大小不是固定的，它有一个范围值。

（3）光子的动量大小不是固定的，它有一个范围值。

（4）光子的动量大小与电子的动量大小范围存在交集，并且电子的动量大小范围包含了光子的动量大小范围。

（5）光子飞行的时候是光子，被原子核束缚后身份转变为光电子；再次脱离原子核束缚后，身份再次转变为光子。

由以上五点我们可以得出下列结论：光子如果在飞行的过程中进入我们的眼睛，或者被人类制造的感光设备捕捉到，那么此时它表现出来的就是光的特性；如果光子在飞行的过程中被原子核捕获了，成为电子环中的一个光电子，那么，此时它的作用就是一个电子的特性。而对一个电子来说，如果它永远都不能脱离原子核的束缚，那么我们的眼睛或感光设备就永远无法捕捉到它。位于光子动量大小与电子动量大小交集范围内的电子，只有脱离了原子核的束缚，才可能进入我们的视线中，或被感光设备捕获。此时，它的身份发生了转变，它现在已经不再是一个光电子，而是一个光子了。

此外，存在于宇宙中的任何粒子都不是与生俱来的，它们是在漫长的宇宙长河中，不断地重复着撞击、分解、撞击、结合的过程。而且，撞击分解的过程是不可控的，因为撞击而分解出的粒子的体积，可以位于任何小于它自己的体积范围内。作为宇宙粒子中的一员，电子与原子核都同样遵循此规律。在任何环境中，电子都有概率因为撞击而分解；而在热核反应中，电子和原子核都可能会因为撞击而分解。任何的撞击分解都是不可控的，分解出的粒子的范围也是随机的，它们都可能会分解出动量大小范围位于光子动量大小范围内的粒子。

因此，可见光的来源可能是本来就被原子核束缚的光电子，只是此时这些光电子由于某种原因脱离了原子核的束缚，再次成为光子；或者，在某些反应过程中发生了粒子的分解，分解出的粒子中有动量大小正好在光子范围内的粒子。

8.3.2 发光的实现

通过对光的来源分析，我们知道了人类可控的发光方式有两种：一是光电子的释放；二是电子或原子核的撞击分解。

在两种可控的发光方式中，光电子的释放是较容易实现的方式。我们日常用到的白炽灯是典型的光电子释放的应用。虽然当时爱迪生并不了解电灯发光的真正本质，但是他坚持不懈地实验，不断地寻找新的材料的过程，其实质就是寻找合适的用于释放电流电子的材料的过程。

虽然爱迪生找到了可以释放电流电子的材料，但是他并不知道，具有什么特点的材料才是最合适的。要想找到合适的材料，我们首先要清楚如何让光电子脱离原子核的束缚。经过分析知道，要想让光电子脱离原子核的束缚，最容易的方法就是改变光电子的运行轨迹。当光电子在下一个原子核受到的束缚力与从前面的原子核受到的束缚力不同时，它的运行轨迹就会发生改变。如果光电子受到的束缚力不足以使它继续运行到下一个轨迹点，那么它就会脱离原子核的束缚，从而成为自由的电子，也就是可以再次转变身份成为光子。

找到了改变原子核束缚力的方法，现在的问题就是我们如何实现以及如何让我们的方法简单可控。然而，对我们来说，是无法动态地改变原子核对光电子的束缚力大小的，至少，目前的技术还无法做到。所以，我们能改变原子核对光电子的束缚力的唯一方式就是改变原子核的结构和大小，而选择合适的材料是我们改变原子核结构和大小的唯一方式。因此，最终我们又回到了爱迪生的老路上来，不断地实验，然后从众多的实验数据中找到最合适的原子核的材料。

假设我们找到了合适的材料，那么这种材料应当具有下列属性：

（1）为了增加物质稳定性，原子核至少具有两个电子环，并且具有立体交叉的电子环结构。

（2）物质内部具有连续的电子环链。

（3）形成电流的电子的动量大小范围与该原子核所能束缚的电子的动量大小范围存在最大交集。

（4）电子环中电子的密度能够保证原子核在受到一定强度的粒子撞击的时候有足够的稳定性。

当然，现实用作灯丝的材料的结构可能更加复杂，但是它必然符合上面的特点。因此，当我们挑选合适的灯丝材料的时候，我们的选材范围就大大缩小了。

8.4 放射性分析

8.4.1 放射粒子的来源

物体向外散射粒子的行为称为放射性。从放射性的源头来分，有以下两种：

1. 放射性粒子为失去原子核束缚的电子

我们定义温度代表的是单位空间内自由粒子的密度。这些自由散射的粒子包括环境中的粒子，也包括来自物体内部的自由散射的电子类粒子。此外，电磁铁、电磁波等都会释放自由的类电子类粒子。从对人体的作用效果来看，这类放射性粒子对人体的危害可以忽略不计，因此，我们并没有把这类自由散射的粒子归于放射性，更多的时候用辐射来称呼它们。

2. 放射性粒子来自原子核本身的未知粒子

例如：铀 235 中散射出的自由粒子；天然磁铁散射出的自由粒子。来自原子核的未知粒子又有两种情况：一种是来自原子核内部的空腔中逃逸出的粒子；另一种是由于某种原因，例如其他粒子的撞击，或者原子核本身的振荡，造成一些粒子脱离原子核。

8.4.2 放射性粒子的产生原因

源头不同，放射性粒子产生的原因也不同：

1. 放射性粒子为失去原子核束缚的电子

这种情况我们已经分析很多次了，当电子受到原子核的束缚力不足或发生变化的时候，电子就有可能会脱离原子核的束缚，从而成为自由的粒子。原子核的振荡或者其他粒子的撞击都可能造成这种后果。

2. 原子核本身释放出的自由粒子

我们回顾一下原子核的成因：宇宙中的所有物质都是建立在基本物质粒子的撞击基础之上的，原子核是基本物质粒子不断撞击、聚合、积累而成的目前人类已知粒子中最大的粒子。既然原子核是经过基本物质粒子撞击并积累而成的，因此它并不是一个整体粒子，既然不是整体粒子，就意味着它不是稳定的。撞击可以组成它，但是撞击也可能导致它再次分解，从而把储存的势能（形变能）重新转换成粒子的动能。另外，我们已经知道，我们的宇宙中充满了运动的基本物质粒子，宇宙中的每个粒子在任何时刻都可能与别的粒子发生碰撞，而原子核作为已知粒子中的最大粒子，更是每时每刻都在经受着粒子的撞击。这些粒子可能是基本物质粒子，也可能是由基本物质组成的更大的粒子，例如电子、光子等，所有这些粒子对原子核的撞击都可能导致镶嵌在原子核上的某些粒子获得脱离原子核的动能，从而脱离原子核，并在脱离的过程中把储存的形变能重新转变为粒子的动能。原子核不断地经受着撞击，也不断地有粒子脱离原子核，这个现象表现出来就是原子核的放射性。

另外，宇宙中的任何粒子都不是实心的，任何粒子只要能无限放大，我们就可以无限地看到蜂窝状的结果。另外，既然任何大于基本物质的粒子都是由更小的粒子经过撞击结合而成的，那么它们的形状就具有不确定性。由形状具有不确定性的粒子再次撞击聚合到一起的粒子，它的结构也充满了不确定性，这种不确定性就包括粒子的内部。粒子的内部必然充满了各种空腔。空腔的容积有大有小，并且空腔之间可能是连通的，也可能是不连通的。在原子核形成的初期，它可能会处于一个充满各种粒子的环境中，这些粒子是有可能进入原子核的空腔中的，然后不停地重复着撞击、反弹、撞击的过程。这些过程可能会持续很久。在粒子不断撞击空腔内壁的过程中，它是有再次从空腔中飞出的概率的，一旦这些粒子经过无数次撞击后，重新从原子核的空腔中逃逸出来，它们就再次变成自由的粒子。因此拥有众多空腔且空腔内充满各种粒子的原子核在我们看来是具有放射性的原子核。

可见，来自原子核本身释放的自由粒子可能来自原子核本身脱落的粒子，或者来自原子核内部空腔中的粒子。

8.4.3 放射性粒子的危害

我们现在一说到放射性，就“谈虎色变”，第一反应就是它是对人体有危害的。那么放射性粒子为什么是对人体有危害的呢？要想知道为什么放射性粒子对人体有危害，我们首先要分析放射性粒子的运行特质。

从本质上来讲，宇宙中的所有粒子都是基本物质粒子经过无数次撞击后聚合而成的，因此它们并没有什么本质区别，唯一可以区别它们的就是它们的速度、体积以及结构的不同。作为宇宙所有粒子中的一员的放射性粒子也一样，它与其他粒子的区别也仅仅限于速度、体积和内部结构的不同。虽然各种粒子并没有本质上的区别，但是在飞行的时候，由于自身动量大小的不同，它们对被撞击的粒子产生的撞击后果也不同。同样是自由粒子，由于自身的动量大小数值小，一定数量的电子、光子、天然磁铁散射出的粒子对原子核的撞击不会产生破坏性的后果；但是对自身动量大小较大的放射性粒子来说，它对被撞击的原子核可能产生破坏性的后果，这种破坏性表现在目标原子核的完整性可能会被破坏，而对原子核来说，完整性的破坏意味着质量的减小和体积的减小，这些都会改变原子核对电子的束缚力。对以共有电子环结合的原子核来说，对电子束缚力的改变可能意味着共有电子环遭到破坏。而任何生命体都必然是多原子核的结合体，生命体上任何一部分组织中原子核的缺失都意味着生命体的完整性遭到破坏，这就是放射性粒子对生命体的危害。

即使原子核被撞击后没有被破坏，由原子核的振荡幅度会增大，因此原子核之间的电子环链断开的概率增大，一旦原子核之间的电子环断开，那么这个原子核就会成为自由的原子核，而这意味着生命体组织的破坏，因此，同样会造成破坏性后果。基因突变的主要原因就是 DNA 中的某些原子核缺失造成的（DNA 中捕获了不相符的原子核也是基因突变的原因之一）。

如果自由粒子的质量比较大，那么即使它们没有直接撞击原子核，也会对任何经过的电子环中的电子产生额外的束缚力或撞击力，这些都很容易让电子环遭到破坏。

8.4.4 物体被放射性粒子照射后也具有放射性的原因

原子核不是实心的已经是我们的共识了，因此放射性粒子是可能被原子核的空腔捕获的，一旦放射性粒子被原子核的空腔捕获，那么它们只有在无限次的撞击中碰巧再次找到出口，才能摆脱原子核的束缚并最终再次成为放射性粒子，因此，物体一旦被照射，也会具有放射性。

放射性粒子也可能会被原子核束缚力所束缚而成为围绕原子核运动的电子，但是因为其质量比较大，因此，原子核对其束缚力不足，所以其在运动过程中很容易就会脱离原子核的束缚再次成为具有放射性的自由粒子。

8.5 透光性分析

8.5.1 透光性的本质

在我们的现实生活中，很多物质都具有透光性。但是由于对物质的认知度的限制，人类一直无法真正地理解物质透光性的本质。

现在我们已经知道光不是波，它是有质量和速度的粒子，同时也知道了多原子核的物体之间是依靠共有电子环结合而成的。在明确了这些知识点之后，我们就可以很容易地理解物质的透光性了。

如果部分光子可以穿过物体，那么很显然物体内部的原子核所能束缚的电子的动量大小范围不包括这些穿过物体的光子的动量大小范围；或者在物体内部存在某种通道，通道之间的距离过大，使一部分光子在这个通道内传播的时候，由于距离所有的原子核都足够远，因此，不能受到足够的来自原子核的束缚力；或者一部分光子的轨迹恰好位于两个原子核的中间，导致它受到来自两个原子核的束缚力相抵。前面在分析光的反射、折射、散射的时候我们已经说过，光子在进入任何介质的时候都会发生这三种现象，只不过对不同的介质，三种现象所占的比例不同（因为我们讨论的是透光性，因此，不讨论光子全部被原子核束缚的情况）。

我们知道由于介质原子核的束缚力的干扰，光子在介质内部的轨迹是未知的，其轨迹的变化取决于下列三个要素：

（1）光子进入介质内部后其与介质原子核之间的距离。

（2）介质原子核所能束缚的电子的动量大小范围。

（3）介质内原子核的排列方式。

如果光子的动量大小范围与介质中原子核所能束缚的电子的动量大小范围没有交集，那么光子进入介质后，无论如何它都不会成为这些原子核的私有电子。即使它的轨迹因为原子核束缚力的影响改变了无数次，只要时间有限，光子的动量大小没有因为基本物质的撞击而衰减为0，它没有因为撞击而分解或融合，那么它一定会存在穿出介质的概率。

如果光子的动量大小范围与介质中原子核所能束缚的电子的动量大小范围存在交集，那么光子进入介质后，位于交集范围内的光子在穿越的过程中也只是存在一定的概率会被原子核的束缚力捕获，这取决于光子在穿越介质的过程中与原子核的距离，以及光子在受到原子核束缚力的影响后轨迹的改变的程度。

对光子在介质内部的轨迹，存在多种可能：沿着S形路线前进，沿着螺旋形路线前进，S形+螺旋形等，甚至很可能走了一个回路后，又从射入面射出（反射的部分光子）。当然还有可能，会有极少的一部分光子在任何时刻其前后左右受到的原子核的束缚力互相抵消，此时这部分光子近似地沿着直线前进，只有在原子核按照严格的规则排列的情况下，才会有这种可能。

8.5.2 玻璃与铁的透光性分析

玻璃制品和铁制品都是我们常见的物质，一个透光性极好，另一个透光性几乎为零。那么玻璃和铁到底存在什么样的差别，导致它们的透光性有这么大的差别呢?

（1）我们假设构成玻璃的原子核具有如下特性：

① 构成玻璃的原子核或者分子有着足够相似的结构。

② 构成玻璃的原子核所能束缚的电子的动量大小范围与光子的动量大小范围存在小量的交集，或者不存在交集。

③ 构成玻璃的所有原子核中至少存在一种原子核，它具有两个以上电子环，并且是交叉存在的。

④ 玻璃内部的分子依据严格的位置排列。

（2）我们假设铁原子核具有如下特性：

① 铁原子核都具有极度相似的结构。

② 铁原子核所能束缚的电子的动量大小范围和光子的动量大小范围存在大量的交集。

③ 铁原子核至少存在两个电子环，并且是交叉存在的。

④ 铁制品内部的原子核的排列顺序可能是无序的。

首先，铁制品与玻璃制品的硬度都很高，这说明组成两种物质的原子核都是以立体网状的结构结合的，而这种立体网状结构结合的前提就是必须有两个以上交叉电子环。

其次，根据前面我们对颜色的理论分析可以知道，从颜色上就可以看出来，铁原子核所能束缚的电子的动量大小范围必与光子的动量大小范围存在很大的交集。这是因为原子核能束缚的光子范围越大，则被光照射时反射的光子数量就会越少，那么我们看到的物体的颜色就会越深。

最后，玻璃良好的透光性说明光子在玻璃内部受到的阻挡很少，从而说明玻璃内部必定存在连续的柱状通道，否则错落有致的原子核排列顺序必然会对光子的通过道路产生极大的阻碍。我们无法确定铁原子核结合后的结构是否存在连续的通道，因为即使存在这种通道，光子如果每时每刻受到的原子核的束缚力不同，它也无法顺利地通过这条通道。

另外，从光电效应可以看出，光子的动量大小范围与形成电流的电子的动量大小范围存在很大的交集，而铁是电的良导体，说明铁原子核所能束缚的电子动量大小范围必然与电流电子的动量大小范围有很大的交集，这可以从侧面说明铁原子核所能束缚的电子的动量大小范围与光子的动量大小范围也有很大的交集。

其实还有一个现象可以说明铁原子核和玻璃中的原子核所能束缚电子动量大小范围的区别，那就是当物体遭到破坏的时候的现象。同样是遭到破坏，必然都有大量的电子成为自由粒子散射而出，铁在被打磨的时候可以迸射出大量的火花，而玻璃被打磨的时候则几乎看不到任何火花。

8.6　气味分析

8.6.1　气味的感知

自然界的气味千变万化，但是当我们回过头来分析物质的组成时会发现，千变万化的气味必然与电子的组成有关，这是因为，不同的物体所表现出来的所有属性都是由电子的动量大小所决定的。

不同的原子核所能束缚的电子的动量大小范围不同，当这些物体的原子核或分子由于某种原因与我们鼻子内的气味感知细胞接触时，它们之间会试图形成共有电子环，从而可以进行电子的传递；或者这些物体的原子核在与环境进行电子交换的时候，向空间中散失了代表其气味的电子，当我们处在这样的环境中时，我们的气味感知细胞捕获到这些电子后，就可以感受到气味了。

不管哪一种方式的电子传递，我们的气味感知细胞在捕获这些电子后形成了电流，并对电流类型进行比对处理后，转化为相应的气味信号。

8.6.2 气味的种类

不同的原子核所能束缚的电子的动量大小范围不同，也就是说，不同的物质所形成的电子环的结构也可能不同，所以，一种物质要想散发出不同的气味，必须具有不同的原子核，才能形成不同的电子环结构。这往往意味着形成该物质的原子的种类更多，也更复杂。

对同一种物质，在不同的阶段，我们能感受到不同的气味，其本质原因是组成物质的本身往往是极其复杂的分子，在不同的环境中，分子中不同的电子环断裂，从而释放出不同的电子。

例如：炖肉的过程就是一个肉中的分子不断分解的过程，随着炖肉时间的延长，我们会感到炖肉的味道越来越香，其本质原因就是构成肉分子中的电子环在依次断裂的过程中，释放出不同动量大小的电子。

对气味的好恶，是伴随着人类的进化过程中出现的。人类在长期的进化过程中会把对人体有害的物质或对人体无用的物质所散发出的气味定义为臭味或无味；而把对人体有益的或人体必需的物质所散发出的气味定义为好闻或者香。

不同的物种对同一种气味可能有不同的感受。人类在进化的过程中会出现各种情况，当食物匮乏的时候，比如冰河时期，如果人类都没有足够食物的时候，显然是不会有多余的食物拿出来给狗吃的，于是作为另一种选择，在死亡与进化之间，狗选择了后者，于是进食人类的排泄物就成为狗生存下去的唯一选择。这就是一个典型的与人类进化伴生的结果。

8.6.3 气味的传播

气味的传播有两种方式：

1. 以分子或原子的方式传播

任何物体，不管原子或分子之间的共有电子环多么稳定，它都可能因为各种原因而出现断裂。电子环断裂后，获得的自由分子或原子可能会单独地散落在空间的各处，也可能会与其他的分子或原子重新结合。这些脱离宿主的分子或原子不会因为脱离了宿主就会改变自己电子环中电子的束缚范围，即使它们重新与其他的原子或分子形成了新的共有电子环，它们束缚的电子的范围依然不会改变。

例如，在追踪猎物的过程中，猎物的身体表面会不断地脱落分子或原子，这些分子或原子飘落在空间各处，当猎狗的味觉细胞感受到这些分子或原子的时候，在形成共有电子环后就会形成特定的电流，猎狗通过记忆中的电流与之进行比对，就会判断是不是需要追踪猎物遗留的气味。

很多大自然中的动物都依靠自身的气味来进行领地的标记，有动物依靠粪便或尿液，而有的动物则依靠身体表面的分泌液。不管是哪一种，动物都是依靠在空间内遗留与自身气味相关的分子或原子来实现的。

2. 以散射电子的方式传播

任何物体，在任何时刻都在与空间进行着电子的交换，其中就包括带有物体自身气味的电子，因此，当一个物体在空间内停留过后，空间内会短暂地遗留有物体散失的气味电子。这些散失的电子有可能再次被空间内的其他原子核捕获，也可能会迅速向空间散射而去，还可能会陷入一个循环，不断地被其他原子核捕获，然后又不断地交换到空间内。不管是散失在空间内的自由电子，还是这些电子再次被其他原子核捕获，都可能会被追踪该物体的味觉感知设备捕获到，从而提供相应的信息。

8.6.4　气味的再现

我们现在的各种电器都不能模拟气味，根本原因有以下三种情况：

（1）各种电能产生设备，比如发电机、太阳能板、风电设备等都不能从环境中捕获气味粒子，导致电器无法从电流中获取要释放的气味粒子。

（2）各种电能产生设备，比如发电机、太阳能板、风电设备等可以从环境中捕获气味粒子，但是各种电器不具备从电流中选择释放特定气味粒子的能力。

（3）各种电能产生设备，比如发电机、太阳能板、风电设备等都不能从环境中捕获气味粒子，同时电器也不具备可以选择释放气味粒子的能力。

因此，如果人类想要获取用电器释放气味的能力，那么，首先要改良现在的各种电能产生设备，使得这些设备可以从环境中捕获相应的气味粒子。其次研发出新的电器，使得其具备可以选择释放气味粒子的能力。

9 电子环理论应用

9.1 静电的本质

9.1.1 摩擦起电

现在我们已经知道共有电子环链是物质可以导电的基础，一个物质如果可以导电，那么物质内部必然存在共有电子环链；否则物质不会导电。

橡胶和玻璃都是电的不良导体，也就是说橡胶和玻璃内部不存在共有电子环链。

当橡胶棒和玻璃棒摩擦的时候，接触部分会因为摩擦而出现电子环断裂的情况。电子环断裂的时候，会释放出大量的自由电子，这些自由电子会以散射的形式向外扩散，因此断裂的电子环附近那些还没有断裂的电子环会首先受到这些自由电子的撞击，但是因为玻璃和橡胶分子中存在交叉立体的电子环结构，完好的电子环在这些自由电子的撞击下不一定会断裂，反而因为自由电子的靠近，原子核会捕获那些距离和位置合适的电子补充到自己的电子环中。正常情况下，如果物质内部存在共有电子环链，这些被捕获的电子会迅速通过共有电子环链传导到共有电子环链上的所有原子核的电子环中；如果物质内部没有共有电子环链，那么这些被原子核捕获的电子就只能堆积在自己的电子环中。

前面探讨热辐射的时候我们已经知道，堆积在电子环中的电子如果不能通过共有电子环链向外扩散，那么只能通过电子环中电子的相互撞击，以及空间内其他粒子的撞击，或者原子核的振荡而导致的电子散失行为慢慢地向空间内散射自由粒子。但是这种通过热辐射的方式来降低电子环内电子密度的方法效率非常低，而原子核捕获自由粒子的速度却没有限制，因此，在摩擦过程中，那些电子环完好的原子核很快就会捕获大量的电子堆积在电子环内。

我们知道长时间处在同一环境中的物体向外散射自由电子的速度与从环境中

捕获电子的速度都持平，也就是同一环境中的电的良导体和橡胶棒与玻璃棒没有发生摩擦前的电子得失速度持平，因此，当我们使用环境中的其他电的良导体去接触摩擦后的玻璃棒或橡胶棒的时候，由于电子密度的差异，堆积在橡胶棒或玻璃棒表面电子环中的电子会迅速和电的良导体之间发生电子的中和，中和的过程中电子的流动形成了电流。

9.1.2　电荷

经过研究可以知道，橡胶棒和玻璃棒内有复杂的分子结构。也就是说它们内部都是以分子为单位的，每个分子内部各种电子环交错存在，但是分子之间只有少量的共有电子环存在，因此当分子内部的电子环电子大量堆积时，分子之间很难进行电子的传递。橡胶棒和玻璃棒良好的绝缘性就证明了这一点。因此，橡胶棒和玻璃棒内的电子堆积很可能是以分子为单位的，每个分子内堆积的电子种类和数量可能都会存在差异。如果分子之间不能通过共有电子环进行电子的传递，那么每个分子都可以看作是独立存在的，此时以分子为单位的电子堆积可以被看作一个电子孤岛。

电荷：物质内部以原子或分子为单位的电子堆积形成的电子孤岛效应。

因为橡胶棒和玻璃棒分子内的原子类型差异很大，因此，两种物质在摩擦的过程中，电子环被破坏后释放的电子种类不同；同样，当两种物质的分子形成电子孤岛效应的时候，其所能束缚的电子的范围也不相同。现代知识库中基于原子模型理论的错误，把这种由不同类型的电子形成的孤岛效应进行了区分，并称为正负电荷。但是现在我们已经修正了原子模型理论，已经修改了电子的定义，所以，我们现在应当摒弃这种正负电荷的说法。

电荷没有正负之分，形成电荷的电子没有本质的区别，都是粒子，它们唯一的区别就是粒子的动量大小范围不同。如果非要区分它们，那么以形成电荷的物质做前缀会更有意义，比如橡胶棒电荷、玻璃棒电荷等。

9.1.3　静电的预防和消除

消除静电的方法有很多种，要根据具体的情况选择适当的方法：

1. 尽量选择电的良导体

静电的本质是电子的积累，电子之所以可以积累就是因为绝缘体内部的分子之间没有共有电子环链，这样在原子核与环境进行电子交换的过程中，电子环中的电子密度很容易就会升高。因此，在体积允许的情况下选择那些具有一定导电性的物质。

2. 接地

为了避免物体表面静电的积累，把物体进行接地可以快速地实现物体与大地之间的电子传递，从而使物体表面电子环中电子的密度始终与大地持平，这样就会避免因为电子密度的差异而产生电压，也就没有了电流的产生。

3. 降低环境中的自由粒子密度

根据静电产生的方法可以知道，物体从环境中吸收过多的电子，也会导致物体内部电子环中电子密度的上升，所以，如果条件允许，加强通风，及时把空间内多余的粒子输送出去，也可以在一定程度上降低静电形成的可能性。

9.2 雷电的成因

9.2.1 雷电的形成条件

雷电的形成依赖以下两个条件：

1. 积雨云

积雨云是大量水蒸气聚集形成的。温度升高的时候，空间内的自由粒子密度升高，水分子在捕获大量自由粒子的同时，振荡幅度也在不断上升，当水分子振荡幅度达到临界值之后，就可以脱离液态水中水分子之间临时共有电子环的束缚，并借助与空间内空气分子之间的临时共有电子环获得支撑和拉扯力，从而可以飘浮在空中。

大量飘浮在空间中的水蒸气分子借助与其他分子间的共有电子环聚集在一起形成了积雨云。

2. 高温

积雨云在高温区的时候，会继续捕获空间内的自由粒子，因此水蒸气分子振荡并继续上升，同时，水蒸气分子中的电子环内电子的密度也继续增加。由于空气分子也是高速振荡的，因此，空间中的空气分子之间很难形成连续的共有电子环链，这样，当水蒸气分子电子环中的电子密度不断增加的时候，过量的电子不会通过共有电子环链的方式进行快速传递；而水蒸气分子之间可以通过共有电子环的方式进行电子密度的中和，因此，聚集在一起的水蒸气分子中的电子密度基本上是持平的。

此时的积雨云可以看作一个电子孤岛，虽然内部的水分子之间可以通过共有电子环快速传递电子，却很难与周围振荡频率更快的空气分子通过共有电子环传递电子，因此，此时的积雨云就是一个巨大的电荷。

9.2.2 雷电的产生

不同区域的积雨云，其中电子的密度也可能不同；就算同一区域的积雨云，由于天气的千变万化，其中的电子密度也可能不相同。

积雨云A作为一个巨大的电子孤岛在空气中飘浮的时候，如果遇到了另一个积雨云B，并且遇到的这个积雨云B恰好来自低温带，那么积雨云B内的电子密度一定会低于积雨云A中的电子密度，因此这两个云层在接触的瞬间就会进行电子密度的中和，因为接触都是从点开始的，因此积雨云A中的大量电子会瞬间通过A、B之间的接触点进行电子传导，积雨云A、B之间的电子密度差越大（电压差），则瞬间电流越大。巨大的电流通过接触点传导的瞬间，大量的电子会试图同时通过两者之间的共有电子环传递，部分共有电子环因为无法承受大量电子的瞬间撞击而断裂，这意味着大量电子会瞬间成为自由电子，我们已经说过，很多原子核束缚的电子中都包含光电子，唯一的区别就是包含光电子的数量不同而已，因此，在释放出的大量电子中必然也包含大量的光电子，所以，我们就看到了雷电的发光现象。如果此时空气分子中也恰好有一条共有电子环链形成，那么大量的电子则会沿着这瞬间形成的共有电子环链传递，这就是闪电。

9.3 晒被子后太阳的味道

9.3.1 人们对晒被子味道的误解

人们对晒被子后好闻的味道众说纷纭，有的人认为是被子里的螨虫被太阳晒死了，晒被子的味道来源于螨虫的身体，暂且不说被子里的螨虫被杀死的温度单靠太阳照射根本达不到，即使真的是螨虫被晒死的味道，应当也是蛋白质烧焦的味道；还有的人说是日光的加热作用和紫外线会使被子里的氧气化学键断裂，形成臭氧，被子中来自植物或动物的纤维被加热，混合着臭氧形成的味道，就是我们闻到的“太阳的味道”；还有的人认为晒被子后出现了原来没有的物质，味道正是这些新出现的物质散发出来的。

那么人们为什么会对晒被子的味道出现这么多的解释呢？最直接的原因就是

原子模型理论的错误。现在我们已经修正了原子模型理论，因此，我们可以正确地解释晒被子的味道来源了。

9.3.2 晒被子味道的成因

首先，在前面探讨气味的时候，我们已经知道不同的味道来源于电子动量大小的不同；其次，太阳向外散射的粒子中几乎包含地球上生命需要的所有粒子，可见光、红外线、紫外线、各种辐射粒子等；最后，被子中的保暖材料都是电的不良导体，或者说，被子内不存在长度足够的共有电子环链，因此，当被子中的电子种类和密度发生变化的时候，多出来的电子不会立即扩散到空间内，而是慢慢地向空间内散失。

晒被子的过程中，被子中的原子核会捕获大量的电子补充自己的电子环。由于太阳是同时向外散射所有范围的粒子的，因此被子内的电子环中的电子密度会得到暂时的提升；同时，还有大量的其他范围内的粒子（包括一些代表气味范围内的粒子）也会被暂时束缚，其实说束缚不贴切，用困住会更形象。

我们知道被子内没有连续的共有电子环链，并且被子内的分子结构异常复杂，这导致了大量的不能被被子内部原子核束缚的其他类型的粒子进入被子内部的复杂空间以后，很难立即穿透而过，而是像进入迷宫一样，到处乱撞。这些粒子之所以不能立即穿透而过，是因为虽然被子内的原子核不能束缚住这些粒子，却可以改变这些粒子的运动轨迹，使之不能再沿着直线运动，因此，这些粒子在被子内部连续地做着各种曲线运动，直到最后脱离被子的束缚再次进入空间中。但是这是一个过程，只有在一定的时间后，所有进入被子内不能被被子内原子核束缚的粒子才会完全脱离被子的束缚。

所以，晒被子的味道其实来源于那些代表气味的粒子。

9.4 夜明珠发光原理

9.4.1 夜明珠的定义

夜明珠是在黑暗中人眼能看见的、天然的、能自行发光的珠宝。在古代，夜明珠又称夜光璧、明月珠等。夜明珠在中国5000年文明史中是最具神秘色彩、最为稀有、最为珍贵的珍宝，并为皇权私有。夜明珠有着很深厚的历史底蕴和文化内涵。

9.4.2 夜明珠的成因

1. 自发光夜明珠

这类夜明珠内部必然具有可以束缚光子的原子核，并且在夜明珠形成的初期束缚了大量的光电子，但是由于各种原因原子核对其电子环内电子的束缚力不稳定，因此，光电子时刻都有可能脱离原子核的束缚散射而出。

2. 受光照后发光

这类夜明珠在没有光照的时候不会发光，说明夜明珠内部的原子核要么不能束缚光子成为光电子围绕其运动；要么其对光电子的束缚力非常稳定，其电子环内的光电子没有脱离原子核束缚力的机会，也就没有光电子再次转变为光子的机会；或者原子核所束缚的电子环内电子密度很低，因此，光电子因为与其他电子撞击而脱离原子核束缚力的概率很低。

当光照后夜明珠可以短暂地发光，有两种可能：

第一，夜明珠内部的原子核成分非常复杂，排列极其杂乱，并且没有原子核可以完全束缚光子围绕其运动。当光子进入夜明珠以后，既然不能被原子核束缚，就只有在迷宫一样的原子核之间的空间内飞行。虽然夜明珠内的原子核不能束缚光子围绕其运动，却可以改变邻近光子的飞行轨迹，因此，大量的光子在原子核束缚力下沿着各种各样的曲线路径飞行。当光子在绕过无数的弯路后，再次从夜明珠内飞出的时候，就可以看到夜明珠的发光了。

第二，夜明珠内的原子核可以束缚光电子围绕其运动，但是当电子环内的电子数量出现变化的时候，电子环散失电子的概率大增。比如，在光照后，原子核的振荡幅度增大，或者电子环内的电子互相撞击的概率大增。这些都会导致夜明珠在被光照射后快速地释放电子环内的电子，直到数量降低到某个临界值的时候，原子核再次变得稳定。

9.4.3 总结

夜明珠的成分肯定是非常复杂的，甚至可以说是混乱的，如果用纯度来区分宝物的话，那么夜明珠应当是最低档的一种宝物，因为夜明珠内的元素种类肯定是巨大的。如果某种物质的纯度很高，那么很明显，这种物质要么完全不能束缚光子，要么能完全束缚光子，这样就不会出现再次发光的现象。所以夜明珠的纯度越高，品级就越低（如果依据发光时间长短来区分），因为其发光的时间会越短。

9.5 风化的原理

9.5.1 风化的本质

风化一词在各个学科均有解释，我们今天只讨论地质学中的风化现象。

地质学中的风化是指使岩石发生破坏和改变的各种物理、化学和生物作用。对人类来说，风化表现在对建筑物的各种破坏上，当然风化也有被人类利用的时候，但那毕竟是少数。

为了延长建筑物的寿命，预防风化是一个最重要的课题。为了达到最佳的预防效果，研究风化现象的本质是非常必要的。因为知道了本质，我们就可以更容易地找到预防的办法了。

现在我们已经知道，世界中所接触到的所有物质的构成都离不开电子环，而建筑物中所有的建材也是如此。在漫长的岁月中，位于建筑物表面的原子核会试图与空气分子形成共有电子环，并进行电子交换。一般情况下，空气分子与建筑物表面的原子核形成共有电子环只是一个瞬间的事情，并且这个过程是非常短暂的，这是因为空气分子的振荡幅度非常大，空气分子与建筑物表面原子核的共有电子环的束缚力不足以抵抗空气分子振荡的拉力。虽然一个空气分子与一个建筑物表面的原子核形成共有电子环的时间是短暂的，但问题是这个过程是持续的、不断进行的，并且空气分子的数量是巨大的，一个空气分子在形成共有电子环并获得一定量的电子后会瞬间离开，另一个空气分子会马上试图重新与这个原子核形成共有电子环，并重复同样的过程，获得一定量的电子后马上断开。因此，建筑物表面的原子核总体来说是一个不断地失去电子的过程。我们知道共有电子环中的电子如果失去过多，那么原子核就不会获得足够的束缚力，如果原子核不能从共有电子环中获得足够的束缚力，那么它与其他原子核之间的共有电子环就会断开，最终的结果是这个原子核会成为一个自由的原子核，而这也意味着建筑物表面失去了一个原子核。任何的建材包括石材、木材等，其表面都在不断地重复着同样的过程，所以总体来说，建筑物的表面是一个不断地失去原子核的过程。对建筑物来说，失去一个原子核可能没有任何的影响，但大量原子核的失去则意味着结构的破坏，任何结构的破坏都可能意味着建筑物完整性的缺失。

由于建筑物中原子核的数量庞大，而相对来说环境中单位面积内的空气分子数量要远远少于建筑物表面的原子核数量，并且形成共有电子环也是概率事件，因此，建筑物的表面失去原子核的过程是一个漫长的过程，不是一蹴而就的。

9.5.2 环境对风化的影响

我们通过观察发现，不同的环境下，风化的速度不同，造成的破坏程度也不相同。风化在极端恶劣的条件下更容易发生，而且速度更快，这是为什么呢？

极端恶劣的条件一般是指多雨雪、温度低、冷热交替，或者大风的气候。我们在前面已经分析过了热胀冷缩的原理，温度高不但意味着原子核的振荡幅度大，同时还意味着原子核之间结合的电子环中电子的密度高；反之，则是原子核的振荡幅度小，并且原子核之间结合的电子环中电子的密度也低。对建筑物表面的原子核来说，大风天气意味着单位时间内与建筑物表面的原子核形成共有电子环的空气分子数量的增加，直接导致的结果就是建筑物表面原子核失去电子的速度加快，然后是建筑物表面失去原子核的速度加快，也就是建筑物因风化而遭到破坏的速度加快；当岩石因为太阳暴晒而温度升高的时候，整个岩石的体积会膨胀，而我们已经知道岩石不是热的良导体，因此当天降暴雨或暴雪的时候，岩石表面的原子核会与暴雨或暴雪中的水分子快速地形成共有电子环并进行电子交换，因为水分子中原子核电子环电子的密度低于岩石原子核电子环中电子的密度，因此，此时岩石表面的原子核的电子环会失去电子，并且首先失去的是动量大小大的电子，原子核电子环中电子密度的降低意味着原子核的振荡幅度会变小，同时电子环中大动量大小电子的失去也意味着原子核之间的距离会缩短（动量高的电子会维持半径更大的运动轨迹），但是因为岩石不是热的良导体（岩石内部没有连续的电子环链），因此当表面的原子核快速失去电子的时候，岩石内部原子核的电子环中的电子并不会迅速补充过来，导致的结果是岩石的表面和内部的原子核失去电子的速度不一样，也就是岩石内外原子核之间的距离变化步调不一致，最终的结果就是岩石会因为内外热胀冷缩的幅度不一样而崩坏。

通过以上分析可以看出，在极端恶劣的天气下，建筑物表皮原子核失去电子的速度会加快，但是因为建筑物一般都是电的不良导体，也就是说建筑物表皮内部很少存在共有电子环链，这意味着建筑物表皮因为各种原因在快速地失去电子或得到电子，但是建筑物表皮内部却不能快速得到或失去电子，电子环内电子的密度和原子核的振荡幅度密切相关。当建筑物表皮内外原子核振荡幅度不同的时候，如果差异很大（一般被称为应力不均），那么交界处的电子环很容易断裂，此时建筑物表皮更容易出现破坏情况，因此，恶劣天气下建筑物的风化速度会加快。

9.5.3 总结

风化的本质就是物质表面的原子核会与任何接触到的环境中的空气分子或水分子通过形成共有电子环而交换电子，并失去电子，从而最终失去原子核的过程；或者物体表面快速地散失电子或得到电子，导致物体因内外应力不均而出现破坏。

预防风化的办法就是选择不容易与空气分子或水分子形成共有电子环的物质；或者原子核共有电子环中电子的密度本就与空气分子或水分子中电子环中电子密度接近的物质；或者选择具有立体交叉电子环结构的物质。

9.6 空气会飘浮的原理

9.6.1 空气分子的特性

空气是地球上大多数生命体赖以生存的物质，虽然我们知道气态的空气分子是飘浮在空中的，但是很久以来，无论科技如何进步和发展，人类始终都没有找到空气可以飘浮的根源。

要想找到空气可以飘浮的根源，我们必须了解空气分子的结构特征。目前的理论知识已经告诉我们空气分子大多是双原子核结构，也有一些是三原子核结构。我们在修正后的原子核模型理论中提出了电子环理论：任意两个原子核结合时，如果它们所能束缚的电子的动量大小范围存在交集，则它们之间可以产生共有电子环，然后利用共有电子环对双方的束缚力进行整合。任何共有电子环的结构特征都符合一个特点：任意两个原子核通过共有电子环结合到一起时，共有电子环的轨迹并不是两个正圆相切，而是一个复杂的类似于数字 8 的形状。在这个复杂的数字 8 形状的共有电子环轨迹中，电子的数量和密度是时刻变化的，因此，受共有电子环中电子约束的原子核受到的约束力，随着电子密度的变化也是时刻变化的。原子核受到的约束力的变化导致原子核位置的不稳定，这种不稳定表现在原子核的位置是时刻变化的。电子的轨迹是受原子核约束的，因此原子核位置的变化又会导致电子轨迹的变化。所以总体上来看，原子核好像在振荡，又好像在无序地抖动。

原子核的振荡幅度或者抖动幅度受多方面因素的影响：电子环中电子的密度如果足够大且均匀，那么原子核受到的束缚力可以近似地看作是不变的；如果原子核的质量足够大，那么原子核的位置受共有电子环中电子密度变化的影响就比较小。自然界中大部分的物质，不是电子环中电子的密度比较大，就是原子核的质量比较大，因此大部分物质中的原子核的振荡都不明显，这样的物质在属性上比较稳定。例如，大部分岩石类、金属类物质。自然界中还有一小部分物质的原子核的质量比较小，并且电子环中电子的密度也比较小，因此这类原子核的振荡幅度非常大。很显然，所有的在常温下表现为气体的物质就是这一部分物质。它们的特点是，原子核质量比较小，且电子环中电子的密度比较小，因此常温下它们的振荡幅度非常大，分子之间依靠共有电子环形成的束缚力不足以抵抗分子的振荡所带来的拉力，所以空气分子之间很难形成稳定的共有电子环。

虽然空气分子之间不能形成稳定的共有电子环，但是它们不停地振荡，不停地试图与周边遇到的任何空气分子形成共有电子环，然后在分子的振荡拉力下又断开，然后再次与其他分子形成共有电子环，然后再次断开。

为了理解空气分子的行为，我们现在打一个比方，在一个空间内有几十个站立的人，我们让这些人按照特定的位置站好。这些特定的位置满足这样的条件：当每个人都张开双臂的时候，恰好可以接触到自己左右的两个人的手，并可以与之握在一起（不考虑难度与姿势）；而站立在自己面前和身后的人的手则可以接触到自己的胸部和背部，并从自己的胸部和背部获得支撑。如果所有的人都按照一定的频率不停地张开手臂，并与接触的手握到一起，或者在张开的时候在所接触到的同伴的胸部或背部上获得支撑，并坚持一定的时间，那么即使此时在这些人的外围有一些人在试图按照一定的频率推搡这些按照特定位置站立的人，如果每次推搡的时候，被推搡的人都恰好张开了双臂，并通过握手或从前面或后面人的胸部或背部获得支撑，而且获得的支撑力大于受到的推搡力，这些站在外围的人就无法通过推搡来改变这些按照特定位置站立的人的位置，也就无法压缩这些按照特定位置站立的人所占的空间。

如果外围站立的人的推搡力度不断加大，但也仅限于使这些按照特定位置站立的人的手臂发生一定程度的弯曲，那么，这些按照特定位置站立的人所占据的空间，会按照手臂弯曲的程度进行一定的调整，但依然获得了一定的空间占位。只有当外围的推搡力度大到可以使所有按照特定位置站立的人的手臂都无法再通过任何方式的支撑获得多余的空间占位时，这些按照特定位置站立的人才会被动地收缩所占据的空间，直到所有人的身体都靠到一起。

现在我们回过头来看空气分子的行为，它们快速地与任何遇到的其他空气分子形成共有电子环，然后断开，再形成，就好比上面分析的阵型中的按照特定位置站立的人，不断地通过张开手臂并通过与别人手握手获得支撑一样，这些原子核之间一旦形成共有电子环，就可以获得相互支撑。对振荡频率极高的空气分子来说，断开的时间可以忽略不计，因此可以近似地认为，任意时刻，任意空气分子之间都有共有电子环进行支撑。共有电子环的支撑意味着空气分子通过共有电子环获得了空间占位，任何空间占位都意味着空间中有一部分空间体积被占用，因此空气分子通过共有电子环占用了空间体积，对其他空气分子的加入来说，只会获得更多的体积空间。

9.6.2 总结

空气分子虽然在不停振荡，但是和周围其他空气分子每一个擦肩而过的瞬间，它们之间都可能会形成共有电子环，这种共有电子环虽然短暂，却是在不停地、连续地形成的。

由于低温导致的液态，空气分子也在不停地振荡，只不过振荡的幅度变小了，同时分子内部共有电子环中的电子密度也变小了。

由于高压导致的液态，空气分子也在不停地振荡，但空气分子内部的共有电子环中的电子密度可能会变大。

只要空气分子之间可以形成共有电子环，那么它们就不会全部重叠，它们就会形成空间占位。因此空气并不是真正飘浮在空中，而是因为空气分子数量庞大，它们通过不断地形成共有电子环，不断地向外扩张而导致出现飘浮的假象。

9.7 食物中的能量及营养

9.7.1 食物的本质

食物是所有生命体都不可或缺的物质，可以这么说，自从生命体产生的那一刻起，食物就伴随着生命体的始终，直到生命体消失。只不过，对不同的生命体来说，食物的定义可能会有一些区别，但是如果从食物所能提供的物质的种类来说，所有食物最终提供的物质都是一样的，那就是原子核和电子。

通过前面食物的本质分析，我们已经知道，在人类的世界中，任何食物需求最终都会转化为对电子的需求，这对由共有电子环组成的多原子核的生命体来说也是如此。从这一点出发，我们就可以理解，任何生命体所需要的食物最终也必然是对电子的需求，因此，生命体从食物中获得的能量必然就是电子。另外，任何生命体，无论其生命周期长短，在其生命周期中一直在重复着一个行为，那就是不断地在失去原子核，然后重新获得原子核，这个过程一直在重复和延续，从生命体出现的那一刻开始，一直到生命结束。只不过在生命体周期的每个时期，生命体失去和获得原子核的速度稍有不同。例如，生命体初期是成长阶段，这个时期其实就是一个获得电子，然后生命体利用某种机制，利用获得的电子形成共有电子环并聚集原子核的过程。如果不出现意外，那么生命体得到原子核的速度一定超过失去原子核的速度，即使在受伤期也会如此；在中年期，对正常人来说，如果饮食得当，则是大概维持在相同的速率水平，也就是说失去原子核的速度与得到原子核的速度相当，当然，如果获得原子核的速度仍然超过失去原子核的速度，生命体就会肥胖的现象。

9.7.2　人类对营养的需求

我们经常听别人说这种食物有营养，那种食物是垃圾食品，但我们从来没有得到过任何实质性的解释以及判断标准，人们更多时候是根据经验判断得出这些结论的，也就是说这些结论只是人类通过实践并根据实践后的外在表现所得出的，至于这些实践结果的内在成因则从来没有被真正解释过。很明显，经验虽然有一定的道理，但如果没有正确、合适的理论支持，那么这些根据经验获得的解释就不一定会正确。

根据我们前面讨论的结果，地球上能量的本质就是电子类粒子的运动，而人类进食的目的就是获得能量和营养。如果由电子和原子核组成的食物可以提供能量和营养，并且与能量对应的是食物中的电子，那么食物中的营养对应的就是原子核。既然食物提供的能量是电子，营养是原子核，并且在生命体的各个时期对电子和原子核的需求不同，我们可以根据人体各个时期的需求来对各种食物进行分类。在生命体的成长期，各个部位都需要大量原子核，因此，此时的营养物质必须是含有最多量的营养物质，也就是各种各样的原子核，当然是人体所需要的原子核。在受伤期，人体可能只对某种原子核有大量的需求，因此，在这个时期要对症下药，并不是像成长期一样，原子核的数量越多越好，而是受伤部位修复过程中需要的原子核的数量越多越好。当然，这对我们来说是一个挑战，首先要做的就是要精确地区分各个身体部位原子核的占比，其次是每种食物中的每种原子核的占比。因为食物在生命体内被分解的过程中往往是以分子的形式存在的，而存在于分子中的原子核不一定都是我们想要的，这就意味着我们如果想要得到所需的原子核，可能会顺带分解出很多副产品，这些副产品对我们的身体来说可能是有害的。

精确计算食物中各种原子核的占比在目前来说是一件非常困难的事情，而要计算当食物在人体内被分解时，各种原子核被释放的概率就是一件不可能的事情，即使可以计算出释放的概率，还有各种因素影响着人体的吸收，例如其他原子核的干扰等。然而，即使我们把提到的食物中各种原子核的占比都计算清楚了，但还要考虑人体在分解这些食物的过程中所需要电子的数量，因为，我们不可能为了分解一种食物而消耗大量的能量，最终得不偿失。

9.7.3 人类对食物中营养成分的误解

我们在购买食物的时候往往会查看制作食物所需要的原料以及食物所含各种营养物质的占比，对购买者来说，看上去直观易懂，但其实这是一个陷阱，对食物制作者来说同样如此。

食物所含的营养成分也就是各种原子核的占比，从目前的科技水平来看，测得的数据也许是准确的，但问题是，大多数时候各种原子核在食物中并不是以单个原子核的形式存在的，它往往是与其他原子核组成分子存在于食物中，人体大多数时候需要的是一个原子核，而不是一个分子。然而对人体来说，要想分解这些分子以获得其中想要的原子核，往往需要消耗大量的电子，还不一定可以分解这些分子，这就好比人体对塑料的分解。现在我们已经知道，塑料在任何已知的生命体内几乎不会被消耗，然而我们能说塑料中一定没有我们人体所需要的原子核吗？答案是否定的。可是又能怎么样？我们无法分解出其中我们想要的原子核，那么它对我们来说实际上就是没有。

此外，不同的地域、不同的人种，对相同的食物的分解程度也不一样，就像很多亚洲人喝牛奶会拉肚子，而欧洲人则不会。这是由个人体内的菌群环境和所拥有的消化酶一起决定的。

因此，不管广告说得如何天花乱坠，我们都要根据实际情况来判断，但是目前的科技水平还不足以提供一个足够精确的方法，那么我们只能根据经验来推算，即使这个经验可能什么都不是。

当然，几千年来古人所积累的经验还是有一定道理的，如果不能精确地判定一件事情，那么最好的办法就是实践。

9.8 水土不服

9.8.1 人类生活的地域性

我们经常说“一方水土养一方人”，广义上的说法是不同地域的水土环境、人文环境都不同，人的性格、生活方式、思想观念、人文历史也就随之不同，而生活在一起的人们，性格也会很相似；狭义上的说法则是当地资源可以养活当地的人。

无论是广义上的还是狭义上的说法，都包括当地资源（水土环境），如果单纯地拿资源来说，既然大家吃的都一样，比如都吃米饭或面条，那么为什么还会存在区别呢？因为在我们的认知中，米饭和面条从成分上来说都应当一样才对。

在我们修正原子模型理论后，电子被重新进行了定义，也就是说电子不再是一模一样的粒子了，而存在巨大差异。然而自然界的形成存在各种任意性，因此，不同地域内的电子种类可能多多少少地都会存在差异；当电子存在差异的时候，通过共有电子环束缚的原子核的种类也必然出现差异，电子和原子核的选择可以说是双向的，可能是因为电子的差异而选择了原子核，也可能是原子核的差异束缚了不同的电子。于是，同样是大米，在不同的环境中生长，其所利用的电子的种类或原子核的种类都会多多少少地存在差异，甚至水土中微量物质的含量和种类都存在一定的差异，即使这些物质在我们看来是同一种物质。

如果我们长期在一个地域生存，尤其是某个地域覆盖了人类大部分或全部进化进程的时候，人体与地域的融洽程度达到最大，也就是人体的组成成分与这个地域内的粒子范围达到最大交集，甚至是完全包含的关系。而不同地域之间的粒子构成范围必然会多多少少地存在一些差异，那么生活在不同地域内的人类的身体内部粒子构成范围也必然多多少少地存在差异。

9.8.2 水土不服

由于地域不同导致当地资源构成不同，使人类对地域内的物质产生了依赖性。当到达另一个地域的时候，人体必须开始适应新的物质，虽然人体基因自带一定的容错机制，但是基因也是有差异的。由于各种原因，每个人体的容错机制可能都会存在一定的差异，那些容错能力低的人体在新的地域生活时候，可能会显示出明显的不适应性。

例如，当一个人A旅行到一个完全不同的地域的时候，在当地的水中包含某种未知的元素，该元素电子环中所能束缚的电子与A体内B原子核所能束缚的电子环中的电子具有一定的相似性，却又不完全相同，属于可以被B原子核束缚却处于极度边缘的位置，这会导致B原子核在束缚这些电子后，其振荡幅度出现明显的变化。对共有电子环来说，其中的电子对原子核的振荡幅度是有一定允许范围的，一旦原子核的振荡幅度超过这个被允许的范围，共有电子环就可能断裂，身体组织中出现大量电子环就意味着A体内的组织可能已经被破坏了。此时A就表现出水土不服的症状。

假如另外一个人C体内的原子核可以完全束缚这种未知元素中的电子，因此，即使其摄入了这种元素，C体内的组织也不会被破坏，或者破坏的程度在允许的范围内，那么C就不会出现水土不服的现象。

9.9 食物与火

现在我们已经知道，任何食物都是由电子和原子核组成的。我们想要获得食物中的电子或原子核，有一个步骤永远无法跳过，那就是把食物分解。食物只有最终被分解为电子或原子核，才能被生命体吸收和利用。

然而不幸的是，破坏食物中的电子环的过程本身就是一个消耗大量电子的过程。在远古时期，类人猿还不懂得使用火，那时候的食物只能生吃。生吃就意味着人本身要提供额外的电子，才能分解和破坏食物中的电子环，从而获得我们想要的原子核。而提供额外的电子就是能量的消耗，对能量拮据的类人猿来说，任何能量的消耗都意味着要付出更多的劳动，这对食物不充足的类人猿来说是阻碍其进化关键因素。

前面我们已经分析了火焰的本质，以及热水中的能量。现在我们已经知道，火焰在燃烧的过程中会释放出大量的自由电子，这些电子会不断地撞击任何靠近的原子核。当食物靠近火焰时，食物中的原子核的振荡幅度在自由电子的撞击下不断加大，同时食物中的原子核还不断地捕获火焰中释放的自由电子（在“温度”一章中，我们曾经分析过，物体与环境进行电子交换的速率相等时，意味着物体温度不再升高），原子核所能束缚的电子环中电子的密度变大也会使原子核的振荡幅度变大，结果可想而知，当原子核的振荡幅度达到一定水平时，共有电子环就会断裂。

食物在热水中的情况同在火焰烧烤中的情况类似，最终食物中的很多共有电子环都遭到了破坏。

共有电子环断裂虽然会损失一部分电子，但是生命体获得原子核的代价小了很多，因此，火的使用使类人猿在耗费较小能量的情况下就可以获得自身对原子核的需求。同时，人体对电子的需求其实是很少量的，虽然食物已经损失了一部分电子，但是剩余的食物提供的电子对满足人体能量需求依然是绰绰有余的。这使类人猿在食用相同数量食物的情况下节约了能量，也就意味着这时候的类人猿有可能供给大脑更多的能量来进行思考了。

人类与其他动物区别的标志就是人类的大脑获得了足够思考的能量，然后开始制造工具并积累经验。当然，没有火的时候，人类肯定也会思考，但限于能量的限制，思考深度是有局限性的。

9.10 发酵的本质

9.10.1 发酵时内部电子环的变化

现实生活中，我们会接触到很多发酵食品以及饮料，虽然发酵的历史已经有几千年了，发酵可以制造出精美的食物，也可以酿造出美味的饮品，但是人类一直不知道其本质是什么。

现在知道了物质的组成方式和原理，我们就可以很好地理解这种现象了。无论有没有微生物参与发酵，其最终的结果都一样，那就是物质的内部分子结构发生了变化。或者说，发酵的结果只能是物质内部分子的分解或重组。按照我们的电子环理论，物质内部的分子分解或重组就意味着已有电子环的断裂，或者重新形成新的电子环，从而产生新的分子。发酵后的食物和饮品往往具有和原物质不一样的气味和味道，就说明了这一点。嗅觉或味觉的感知细胞只有感知到不同的电流，才会产生不同的味道或有气味感知。对不同的电子环来说，往往是因为电子环内电子动量大小的不同而导致的，当然前提是有不同的原子核来束缚这些不同动量大小的电子。

我们的感知细胞感觉到新的电流变化并不意味着物质内部出现了新的原子核。首先，很多物质的分子结构很复杂，这就意味着该分子可能包含多个原子核。这种分子的总原子量往往比较大，那么它们就无法与空气分子形成共有电子环，即使形成了共有电子环也只是瞬间的事情，下一刻马上就会断开，这是由空气分子的振荡性所决定的。如果形成的共有电子环的拉力不足以带动复杂分子一起振荡，也不足以束缚住空气分子，那么结果就只有断开，这是我们闻不到大豆有什么气味，而大豆在分解后却能有很多味道的主要原因。其次，一个复杂的分子往往有很多相同的原子核，这也就意味着，即使这个复杂的分子分解了，只要它没有完全分解为原子核，如果分解后的分子表面的原子核与未分解时表面的原子核的类型没有区别，那么我们依然感知不到气味或味觉变化。

一个复杂的分子分解了，只有表面出现了不同动量大小的电子环，我们的味觉细胞才会感知到新的味道的产生，否则以现在的技术，我们可能都无法判断这个分子到底有没有被分解。

对没有微生物参与的发酵过程，往往是伴随着温度的变化而发生的。我们知道温度上升的时候，物质内部原子核的振荡幅度会增大，振荡幅度影响着物质内部分子的稳定性，分子之间和分子内部的电子环对分子或原子核振荡的影响是有限的，当分子之间或分子内部原子核之间的电子环因为任何分子或原子核振荡幅度的增大而断裂的时候，就意味着分子的分解。

如果有微生物参加发酵的过程，微生物要想破坏物质分子内部的电子环，或者分子与分子之间的电子环，都需要额外的能量，这些能量往往是从温度的上升中所获得的额外电子。微生物依靠从温度上升中获得的电子来破坏物质分子之间或分子内部的电子环，从而获得自己需要的原子核和电子（电子环的断裂往往伴随着电子的释放，因此，虽然破坏已有的电子环需要能量，但是电子环在断开的过程中也会释放能量）。虽然微生物破坏物质内部电子环的目的是获得原子核和电子，但是副产品是我们想要的。微生物在不同的温度下，根据获得能量的不同可以破坏不同的电子环，也就意味着在不同的温度下，微生物分解可能会产生不同的分子结构。但是，微生物往往对温度有着严苛的要求，因此，温度上升和下降的范围一般都很小。这是因为，温度过高会导致微生物自己体内的电子环因为原子核振荡幅度过高而断裂，这意味着微生物的死亡；温度过低，微生物不能获得足够的能量来破坏被发酵物质内部的电子环，从而不能补充微生物自己需要的能量和原子核，微生物也会死亡。

无论有没有微生物的参加，发酵都需要严苛的温度环境，这是因为温度会影响原子核的振荡幅度，温度过高会导致过多的电子环断裂，也会导致不想要的电子环的断裂，而温度过低又会达不到所要求的电子环断裂。

9.10.2 酿酒

喜欢喝酒的朋友都非常熟悉各种酒不同的味道，然而同样的粮食为什么会酿造出不同味道的酒呢？

我们都知道，粮食是伴随着整个人类的进化过程的，可以说粮食的进化时间比人类的进化时间还要长，这就意味着粮食与环境已经高度融合，同时也意味着粮食在进化的过程中经过优胜劣汰后，其内部分子结构不但变得异常复杂，而且分子内部的电子环结构也变得非常稳定。

复杂的分子结构就意味着分子内会含有数量很多的电子环，这些电子环可能相同，也可能不同。对人类的嗅觉和味觉来说，不同的电子环结构，就意味着不同的气味和味道。正常情况下，人类的嗅觉和味觉可能没有接触这些分子内部电子环的机会，因为，很多电子环都在分子的内部，而人类消化粮食分子的过程单靠咀嚼是根本不能完成的。当这些分子在肠道内被消化分解的时候，却早已经与你的嗅觉或味觉失之交臂了。酿酒过程中的发酵就是一个可控的模拟人类肠道消化分子内电子环结构的工艺流程。

粮食在发酵的过程中，根据环境的不同，分子内的电子环会出现不同程度的断裂，同时根据可控环境，也可能会重组出新的分子结构（并没有新的元素产生，所谓新的分子结构，只是用现有的原子核组合出具有不同电子环搭配的分子）。不管是电子环断裂还是重新形成新的分子结构，只要分子内部的电子环结构呈现在分子的表面，那么就有可能与人类的嗅觉或味觉接触被形成共有电子环，然后进行具有气味或味道属性电子的传递。当然，暴露在分子表面的电子环也会向环境中散失气味电子。

例如，我们都知道大豆在没有被破坏前，几乎没有任何味道外散，但是当把大豆研磨成豆浆后，人们会闻到浓香的味道，这就是大豆分子内的部分电子环遭到破坏后散失而出的气味电子被嗅觉细胞接收到了。

9.11 摩擦力的本质

9.11.1 摩擦力的概念

在我们的现实生活中，摩擦力是人类生存所必需的，然而在某些场合，摩擦力又是多余的。那么我们如何利用摩擦力，又如何避免摩擦力呢?

为了回答这个问题，我们先要弄清楚什么是摩擦力。

在前面几章内容中，我们已经探讨了原子核的结合方式，并提出了电子环的概念，并且我们认为地球上的所有物质都是以相同的方式进行结合的，也就是说所有多原子核的物质都是以共有电子环的方式进行结合的。

任意两个物体靠近以后，如果两个物体内有原子核所能束缚的电子动量大小范围存在交集，那么它们之间接触后这部分原子核都会试图与对方的原子核形成共有电子环，无论这些共有电子环的数量有多少，也无论这些电子环是否稳定，我们要想分开这两个靠近的物体，就必须断开两个物体之间的共有电子环。

因此，两个物体之间的共有电子环是形成摩擦力的本质原因。另外，依靠凹凸咬合形成的摩擦力，应当不是真实意义上的摩擦力，而应当属于推力或阻力的范畴。

9.11.2 决定摩擦力大小的因素

决定摩擦力大小的因素有两个：

（1）两个物体之间所能形成的共有电子环的数量

很明显，两个物体之间形成的共有电子环数量越多，就意味着这两个物体之间的契合度就越高，同时也意味着要想分开这两个物体所需要的外力就越大。

（2）两个物体之间形成的共有电子环中电子的密度

在电子环数量不变的情况下，电子环的稳定情况决定了断开这些电子环所需要的外力大小。电子环中电子的密度决定了电子环的稳定情况，电子密度增大，那么电子之间相撞的概率也会增大，直接导致的就是原子核受到撞击的概率增大；电子密度减小，则形成共有电子环的两个原子核就不能获得足够的束缚力。可见电子环中的电子密度过大或过小都会导致共有电子环的断裂。

9.11.3 增加摩擦力

增加摩擦力的办法有很多种，但最终都是为了增加物体之间共有电子环的数量以及共有电子环的稳定性。一般采用的办法有两种：

（1）选择相似性高的物体

两个物体之间的相似性越高，则越容易形成共有电子环，以及共有电子环越稳定。当然，这并不是绝对的，例如两块同样材质的钢板在接触的时候并没有完全黏合到一起，而是很容易分开。其实，这和钢板表面的原子核的排列有关。无论钢板看上去表面多么光滑平整，当我们放大钢板表面的时候，也许我们会看到许多突出得像山峰一样的电子环，也许1000个表面的原子核才能和对面靠近的钢板之间形成一个共有电子环，甚至实际的基数可能更大。

（2）增大接触面积

汽车的轮胎选择使用橡胶的主要原因就是橡胶质地柔软，可以变形，这样在重力的作用下，可以最大限度地与地面的凹凸形状进行契合，从而增大接触面积。这样不但利用凹凸地形产生咬合力，同时还增大了接触面积，从而可以形成更多的共有电子环。

9.11.4 降低摩擦力

虽然离开了摩擦力，人类无法正常生活下去，但是有的时候，因为摩擦而造成的磨损会降低很多重要部件的使用寿命，轴承就是如此。此时人们是希望摩擦力越小越好。

如果摩擦不可避免，并且我们还希望降低摩擦，那么应当怎么办呢？一般也有两种办法：

（1）减少物体之间的接触面积

在材料限定的条件下，尽量减少两个物体之间的接触面积，这样可以最大限度地降低共有电子环的形成数量。

（2）选择合适的材料

如果接触面积不能减少，那么就只能通过选择合适的材料来降低共有电子环的形成数量。很显然，两个物体之间的相似性越高，则越容易形成共有电子环。因此，不能选择材质完全相同的物体，但是两个完全不同的物体也不是最优选择，因为材料不同就意味着硬度不同。如果两个材料的硬度相差太大，那么摩擦的过程中材料很容易损坏。所以，在选择材料的时候既要兼顾硬度，还要考虑材料的相似度。

9.12 石墨与金刚石的区别与联系

9.12.1 石墨与金刚石的联系

石墨和金刚石都属于碳单质，他们的化学性质完全相同。

9.12.2 石墨与金刚石的区别

虽然石墨与金刚石都是碳单质，但是他们之间原子核的排列结构不同，从而导致两者表现出了不同的物质属性，比如颜色、硬度、导电性能等都表现出了很大的区别。

9.12.3 石墨与金刚石属性不同的原因

1. 颜色

前面分析颜色的时候，我们已经讨论过，决定物质颜色的其实是物质的共有电子环内电子的动量大小范围。

假设碳原子核外存在多个（大于等于2个）电子环，当碳原子核之间通过最外层的电子环形成共有电子环的时候，假如该电子环内电子的动量大小范围与可见光粒子的动量大小范围存在大量的交集，那么当光照射到该物质的时候，大量的光子会被该物质的原子核束缚，进入共有电子环内，成为围绕该物质原子核运动的光电子，那么该物质就不能反射这些光子。电子环内的电子动量大小范围与可见光的范围交集越大，则可以被束缚的光子范围就会越大，那么该物质可以反射的光子范围就会越小，该物质的颜色就会越深。而碳原子核之间通过共有电子环形成石墨的时候，恰好满足了这些条件，所以石墨显示为黑色。

当对石墨施加高温高压的时候，首先碳原子核之间的共有电子环会出现断裂，随着高压的持续，碳原子核之间的距离会进一步缩短，前面我们已经说了，碳原子核外存在多个电子环，很明显这些电子环的半径肯定不同，并且距离足够，否则这些电子环之间的电子会互相影响。如果碳原子核之间外层的共有电子环断裂了，并且距离持续靠近，那么碳原子核之间就可能以内层的电子环形成共有电子环。前面我们分析了碳原子核之间以外层电子环形成石墨的时候形成的共有电子环内的电子动量大小范围与光子的动量大小范围存在大量交集，因此石墨内部的碳原子核可以捕获交集范围内的光子补充到自己的电子环内；而当碳原子核之间以内层电子环形成金刚石的时候，其内部的电子环内的电子动量大小范围与光子的动量大小范围没有存在交集，或者交集的范围很小，因此以碳原子核内层的电子环结合以后形成的金刚石内部的碳原子核是不能捕获交集以外的光子并补充到自己电子环内的。那么这些不能被碳原子核捕获的光子就只能反射或者穿透金刚石。

在金刚石形成的过程中，金刚石的颜色会随着外层电子环的断裂数量而出现不同的变化。没有断裂的外层电子环会继续束缚光子。所以外层电子环的数量越少则金刚石的颜色越接近无色或透明。这说明了金刚石的颜色就可以反映出金刚石的纯净度。

2. 导电性

前面分析导电性的时候，我们说了，物质要能导电，那么物质内部必须存在连续的共有电子环链，并且这些连续的共有电子环链内部的电子动量大小范围必须与形成电流的电子动量大小范围存在交集。交集范围越大，并且共有电子环链数量越多，则导电性越好。

碳原子核之间通过最外层的电子环形成共有电子环的同时，也最大限度地在大量的碳原子核之间形成了连续的共有电子环链。由于这些共有电子环链内的电子动量大小范围与光子的动量大小范围存在巨大的交集，因此石墨在大量吸收可见光的同时，也成为电的良导体。

而通过压缩等原因导致石墨之间原有的共有电子环断裂，然后以内层电子环结合而形成的金刚石，其内部的共有电子环内的电子动量大小范围与光子的动量大小范围交集范围很小或者没有交集。因此电流中的电子几乎不能进入这些共有电子环内，即使金刚石内部存在连续的共有电子环链，也因为形成电流的电子不能进入，而表现为导电性很差，或者不导电。

据此可以推测，金刚石的纯净度会影响金刚石的导电性，如果金刚石表现出黑色，那么金刚石内部则可能会存在没有断裂的外层电子环形成的共有电子环链，此时的金刚石应当会存在一定的导电性。

3. 硬度

石墨显然只是以最外层的电子环形成了共有电子环，这样的结构不能形成原子核之间的交叉立体电子环结构，因此石墨的硬度很低。

金刚石在被继续压缩的时候，原子核之间的距离不断靠近，此时的原子核之间就可能会形成多个共有电子环，比如一个原子核同时与 4 个相邻的原子核形成了共有电子环结构，那么这些原子核之间必然存在交叉立体的电子环结构，因此金刚石内部原子核之间的位置很难被改变，外在必须硬度很大。

4. 密度

很明显通过前面的分析可知，石墨原子核之间的距离比较远，所以在单位体积内，碳原子核的数量较少。金刚石通过缩短原子核之间的距离，使用内层电子环形成的共有电子环结构，所以其单位体积内的原子核数量一定会比石墨内部碳原子核数量多。

5. 熔点

石墨内部的原子核之间没有交叉立体的电子环结构，因此当石墨内部的电子环受到冲击的时候，其振荡的范围会增大，这会增大共有电子环断裂所需要的振荡范围或烈度。而金刚石内部的原子核之间的交叉立体结构，几乎不存在振荡烈度的情形，所以在受到外部粒子冲击的时候，金刚石内部的共有电子环不存在振荡烈度的问题，或者这个振荡烈度很小，可以让原子核之间的共有电子环断裂。

这个可以通过一些实验来验证，比如一股钢丝绳在两端没有固定的时候，很难通过拉扯钢丝绳的中间使钢丝绳断裂，但是如果把钢丝绳的两端固定紧，让钢丝绳紧绷，则紧绷的程度会严重影响钢丝绳的断裂测试结果。

10　现代物理名词分析

10.1　黑　　洞

10.1.1　黑洞理论的产生

1916 年，德国天文学家 Karl Schwarzschild 通过计算得到了爱因斯坦引力场方程的一个真空解，表明如果将大量物质集中于空间一点，其周围会产生奇异的现象，即在质点周围存在一个界面“视界”，一旦进入这个界面，即使光也无法逃脱。这种“不可思议的天体”被美国物理学家 John Archibald Wheeler 命名为黑洞。

由此可以看出，黑洞理论是伴随广义相对论而产生的。无论什么样的理由，黑洞理论出现的前提都是因为有了广义相对论。

然而在本书中，我们没有任何理论同相对论有交集，那么是不是可以这样认为，如果我们的理论是正确的，那么黑洞理论就会没有根据呢？这样的想法显然是不成立的，所谓的“黑洞”，是一种天文现象，它不会因为任何理论而存在，也不会因为任何理论而消失。

10.1.2　黑洞的本质

从本书的观点出发，黑洞有多种存在的可能：

（1）宇宙是无限的，因此我们可以假定存在这样的一个区域：直径可以从几十光年到无限大，并且区域内除了基本物质以及微波背景辐射粒子外，不存在任何星体以及其他物质。

假设这样的区域存在，那么任何物质包括光子在进入该区域后都需要飞行很久，除非从该区域的另外一侧飞出，否则不会撞击到任何物质。对光子来说，要想因为撞击而返回（反射），它至少需要几十光年才能飞出这片区域，然后才可能撞击到其他物质而返回，同样还需要几十光年的时间才能被观测到。如果这片区域无限大，那么我们永远都不会观测到反射回来的光子。

当我们位于这个区域的任何一个方向时，由于我们的视界是有限的，因此，我们永远都只能看到这个区域所在球面上的一个点。从地球上看黑洞区域时情况如图 10-1 所示。

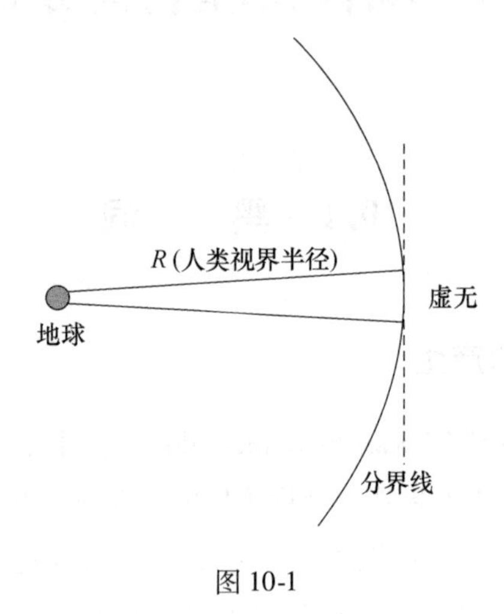

图 10-1

图 10-1 中分界线右侧的“虚无”代表我们所假定的空无一物的区域，这个区域的直径可能是几光年或者无限大，人类视界半径 R 代表可见光的最远衰减距离（任何光子的飞行距离超过 R 的时候，都会进入不可见光范围，比如成为红外线，或者动量大小更大的粒子）。可知，当我们从地球上观测分界线的虚无区域时，我们永远只能看到黑色球面上的一小块，而不是整个黑色球面，这是因为从我们地球上很难找到一条纯净且没有任何星体的路径，可以观测到球面的一半。只要我们的角度合适，当我们观测这个黑色区域时，由于没有光反射回来(时间太久，光子因为各种原因衰减)，或者有光子从内部射出，所以它看上去都像一个黑洞。

(2) 通过本书前面的分析，我们已经知道，颜色是因为反射光子的动量大小范围不同导致的，而黑色是因为大部分的光子都被原子核束缚而导致的。因此，我们可以假设存在一个星球，组成该星球的原子核所能束缚的电子的动量大小范围包含整个光子的动量大小范围，这样，当光子撞击到该星球后，能被反射的光子只有那些直接撞击到原子核并被反弹的部分，但这部分的光子的数量是可以忽略不计的，因此，我们几乎无法观测到任何从该星球反射的光子。这样的一个星球对我们来说就是黑星球，当我们观测的时候，它就是一个黑洞。

（3）假设存在一个超级星球，它的体积巨大无比，任何从它旁边飞过的物质都无法逃脱它的束缚力，在漫长的宇宙时间之后，这个星球的周围几十光年甚至几百光年的距离内的物质在该星球巨大的“束缚力”的作用下最终都撞击到了该星球上，并与该星球聚集到一起。时间越久，则该星球周围的“真空”地带的范围越广。

（4）假设存在一个星球，这个星球距离地球的距离恰好在光子最远飞行距离的一半处，并且该星球本身不能发射任何光子。当人类通过向该星球发射可见光的方式来探测的时候，照射到这个星球的光子在返回到地球的时候，恰好衰减进入红外线范围内，那么我们也无法观测到该星球。

10.1.3　总结

综合我们对黑洞存在方式的探讨，我们应当可以确定，类引力与星球的质量没有直接的关系，因此，宇宙中不会存在经典黑洞理论中的质点，并且得出结论：我们观测不到的地方是因为我们无法观测到反射回来的光，而没有光反射回来有多种原因，可能是光因为时间太久而发生衰减，也可能是光被星球完全吸收。

10.2　量子纠缠

10.2.1　量子纠缠的定义

量子纠缠最早是由爱因斯坦、波多尔斯基和罗森提出的一种波，是关于量子力学理论最著名的预测。它描述了两个粒子互相纠缠，即使相互之间的距离遥远，一个粒子的行为也将影响另一个粒子的状态。量子纠缠态在数学上定义为：“如果一个二粒子复合体系的量子态无法分解为各子体系量子态之张量积，这个态称为纠缠太”。

对量子纠缠，人们的理解各不相同。各个国家的科学家、物理学家都争相进行量子纠缠的科学研究。

根据本书的理论，我们已经知道，宇宙的粒子性是宇宙的基本属性，任何其他属性都必须是建立在宇宙的粒子性基础之上的。基本物质是粒子，光子是粒子，电子是粒子，原子核是粒子，因此所谓的量子也必然是粒子。

10.2.2 量子纠缠的条件

如果两个粒子符合纠缠的定义，那么下列条件一定成立：

（1）两个粒子分开前是一个依靠物理连接的β粒子。

（2）分开后的两个粒子的动量之和与分开前β粒子的动量必定一致。

（3）如果两个粒子是依靠外力分开的，也就是说有第三方粒子α介入，那么分开后的两个粒子与α粒子的动量之和必定与（β+α）的动量一致。

也就是说任何量子纠缠必须是建立在能量守恒基础之上的。因为遵循能量守恒，所以理论上来说，分裂后并且在没有与任何其他粒子发生任何关系之前，一个粒子的状态决定了另外一个粒子的状态。但这并不能说明分裂后的两个粒子β_1和β_2之间还存在任何联系。分开之后它们就是两个独立的粒子，就像宇宙中其他粒子一样，普通得不能再普通。而宇宙中的任何粒子，无论大小，都会不断地经历撞击、分解、再撞击、聚合、再撞击、又分解、再撞击、又聚合的过程，并且这个过程是永无休止的，只有当它们分解为基本物质的时候，才会停止分解。对分裂后的β_1和β_2来说，这次的分裂只不过是所有粒子经历的过程中的一次分解而已。因此，它们没有任何的特殊性，所谓一个粒子的行为会影响另一个粒子的行为，在人类的现实世界是不存在的。

虽然一个粒子的行为不能影响另一个粒子的行为，但是我们依然可以利用这种关系。因为，在没有其他粒子的影响下，两个粒子的状态确实存在某种因果关系。不过，如果我们想要利用粒子的这种关系来传递信息，以目前的科技水平与发展速度来看，很长时间内都不会有结果。

如果粒子体积小于等于电子，那么任何观测方法都不可能确定其状态，如果有那就是骗人的。我不认为目前的科技可以测量出一个光子的状态或一个电子的状态。

如果粒子的体积大于电子，那就只有原子核了，很显然两个原子核是不可能实现纠缠的，因为要想分开一个大质量的原子核为两个小质量的原子核，必须有第三方粒子的介入，而这时要讨论的就不是简单的纠缠关系了，而是更加复杂的粒子的状态以及动量的问题。

也许有人会质疑我的论断，其实如果你仔细思考过前面我们所分析的物质的组成，然后你再分析现在的那些电子测量设备，你就会得出一个结论：电子的成像都是大量的电子作用的结果，一个电子是无法在任何的设备上成像的；光子也是如此，大量的光子作用才会有光电效应产生。所以，从这个角度出发，我们是无法观测一个电子的状态的。现在的任何的测量手段都是间接测量，那么谁知道它们的依据到底是什么，毕竟原子的模型理论都存在问题。

10.2.3　对量子纠缠的质疑

在前面的衍射实验分析中，我们已经得出结论：光子就是粒子，没有波动性。因此，衍射实验和干涉实验的结论都是错误的。干涉实验是量子力学的基础，假如光子只是粒子，没有波动性，那么量子这个词语都可能是错误的。所以量子纠缠很可能是一个错误词语下的衍生错误。

即使量子定义成立，还有下面的问题要解决：

（1）如何知道量子是最小单位？如何确定其不能再被分割？

（2）两个量子如何纠缠在一起？过程中是否需要第三方的参与？

（3）如果两个量子纠缠的过程中需要第三方参与，那么如何分配参与的动量？

（4）纠缠在一起的两个量子之间是什么关系？如何分开？

（5）纠缠在一起的两个量子分开的过程中是否需要第三方参与？如果需要，那么如何分配参与后的动量？

（6）如何观测两个量子？

（7）如何标记两个量子以及如何区分两个量子是否纠缠过？是否分开过？

……

10.3　太阳成因分析

10.3.1　人们对太阳的认知

太阳是太阳系的中心天体，占有太阳系总体质量的99.86%，是地球上一切生命能量的源泉。人们现在对太阳的认知都是通过观察太阳的光谱线来进行分析的，并得出结论认为太阳是一颗气体星球。这个结论是有待商榷的，因为光谱线分析反映的只是太阳表面的物质散射出的粒子状况，说实话，我们无法确定散射出这些粒子的物质的状况一定同地球上的物质一致。另外，人们对太阳的质量以及密度的计算依据的是万有引力公式，然而现在我们知道，这个公式的正确性存疑，至于太阳内部的结构和物质组成，我们完全凭猜测了。所以，现在我们到底对太阳了解多少呢？

我们怀疑现在对太阳的认知，以及我们分析太阳时所用到的知识和方法，是因为我们怀疑以前的物理理论。因此，假如我们的宇宙粒子论正确，我们可以重新进行模拟推测。

10.3.2 太阳的成因

假设在漫长的宇宙时间中存在一个星球，通过基本物质的撞击压力差，它不断地束缚任何通过它身边的物质，无论大小。经过漫长的宇宙时间之后，这个星球的体积变得巨大无比，此时它对其他物质的束缚力已经达到基本物质的撞击压力差所能达到的极限，在它的周围很可能形成一个巨大的“真空”，在这个所谓的“真空”地带中除了基本物质和宇宙微波背景辐射粒子之外，不存在任何其他物质，因为这个真空地带的半径过长，导致光子也要走很多年才能撞击到该星球上，也许此时它的状态就是我们所说的黑洞的原型。在某一时刻这个星球内部自身的压力达到了极限，而这个极限是由共有电子环所能提供的原子核之间的支撑力对抗外部压力的极限，于是此时星球内部最先到达共有电子环承受力极限的电子环断裂。随着电子环的断裂，大量电子和原子核被释放，释放的电子会对其他电子环产生冲击，因此本已受到极大压力而尚未断开的电子环在自由电子的撞击下也断裂，所以这看上去更像一个链式反应。这个链式反应会持续到把所有能够摧毁的电子环都摧毁为止，当然电子环的摧毁意味着原来原子核之间的空间被压缩，反映到宏观上就是星球内部开始发生塌缩，塌缩的程度在概率上依赖于星球的物质构成。如果星球物质的构成能够提供足够的支撑强度，那么在整个星球完全塌缩之前，塌缩的进程就中止了。未发生塌缩的部分在自由电子的撞击下则可能四分五裂，从而成为无数的星球碎片，这些碎片可能是宇宙中的彗星或者流星的来源。因此，柯伊伯带很可能是太阳在塌缩的过程中未发生塌缩的部分四分五裂后的碎片。塌缩发生后，星球的体积不断地缩小。原子核之间没有了共有电子环，它们也就失去了支撑，在基本物质粒子的撞击作用下，所有失去电子环支撑的原子核都会向着星球的中心运动（当然，也可能在自由粒子的撞击下向任意方向运动），所以恒星的中心很可能是一个由大量原子核聚合而成的核心体（猜测）。当然很多的原子核在向星球中心运动的过程中会互相碰撞，同时它们也会受到大量自由电子的撞击，任何撞击作用都可能使被撞击的原子核破碎（所谓的核裂变），当然撞击也有可能导致发生聚合反应，从而形成很多新的原子核（所谓的核聚变）。

塌缩后的星球内部的电子和原子核之间的空隙不断地被压缩，向星球中心运动的电子可以自由运动的空间越来越小，最终大量的电子只能在很短的距离内做随机的振荡运动。而向着星球表面运动的电子，大部分都会因为在运动的过程中与其他粒子相撞而改变运动的方向，而少部分电子则有机会逃离这个星球，散射向广袤的宇宙空间中。散射向宇宙空间的电子并不是经过挑选的，而是任意范围内的粒子都有概率，而这些粒子中包括我们现在已知的所有电子类粒子，当然包括光子类粒子，因此，我们看到了恒星的光亮，还有我们的植物也吸收到了有用的电子，我们的太阳能接收板也束缚了可以产生电流的电子。

星球向宇宙散射自由粒子的过程，也是星球的质量不断下降的过程，随着散射电子数量的减少，恒星的光亮程度会越来越暗，直到从人类的观测中消失，成为一颗暗星，暗星的最终成分很可能是一个只有原子核的聚合体。当然这也是一颗新的星球的重新开始，因为它还会捕捉任何在它束缚力范围内的物质，并最终再次成为一个黑洞，再次塌缩，再次成为一颗恒星。